中国赏石美学

李昌银 著

齊魯書社

目　录

第一章

赏石的哲思

第一节
远古时代的赏石

《加德纳艺术通史》在追溯石器时代的艺术时认为“人类似乎是起源于非洲的”。1925年，考古工作者在南非的马卡潘斯盖(Makapansgat)一处洞穴里发现了“南方古猿”（Australopithecus）骸骨。经研究，这块骸骨是现代人类祖先的化石，相关古猿大约生活在距今300万年前。与骸骨一道被发现的，还有一块红棕色碧石（图1–1）。

图1–1

这块红棕色碧石有一个手掌大小，宽约 6 厘米，形状与人脸极为相似，由红褐色的碧玉岩与石英脉组成。根据推测，这颗碧石上的人脸并非人为雕琢，也不是天然化石，而是被河流长时间磨蚀形成的。

据考察，最近的碧石产地离这个洞穴有 32 公里的距离，因此，这块石头可能是原始人出于某种目的从远处带过来的。会是什么目的，促使早期的人类从河床上捡起来这块石头，带回自己躲避风雨的洞穴中呢？是好奇，抑或是对神秘的敬畏？

可以说，这是人类的第一块赏石，也基本可以说它是属于人类的第一件艺术品（赏石是否能称为艺术品，后面有论述。以上内容根据湖南美术出版社 2013 年出版《加德纳艺术通史》提供的资料整理）。

但我更愿意相信这是一个偶然事件：一个原始人的一次好奇举动成了人类艺术史的起点。我们又常把赏石称作奇石、美石，“奇”与“美”是赏石的两个主要价值构成要素。人类自古就有对奇与美的物件欣赏、占有的天性，这种天性受到生存环境的压抑，一旦环境改善，这种天性就会显露出来，远古是这样，进入文明时代之后到现在甚至未来都是这样。我们还可以给这一类的物件（包括人类自己创造的）一个专有名词叫“艺术品”。只是，艺术品是一种“昂贵而无用的东西”，原始人在不断迁徙的过程中，抱着一块石头行走是不可想象的。收藏与鉴赏石头，变成一种自觉而持续的行为，应该是在人类社会进入高度文明时代之后的事情。

在人类的早期，自然物（不仅仅包括石头）早于人为艺术而作为“艺术”存在；到了今天，自然物继续作为独特的存在，作为一种艺术表现形式而存在。

第二节
中西方赏石态度的差异

东西方地理环境的不同，造成思维方式的不同，进而造就了不同的哲学、审美与艺术观念。

西方文明属于海洋文明，建立在古希腊哲学思考基础上，思维方式以逻辑和分析思维为特征，在审美方面区分审美主体与客体，追求“真”。什么是真？用黑格尔的话说，“美是理念的感性显现”，美即理念，美即范式，真就是理念与范式；艺术表现，追求“逼真”与“写实”。

在对待自然物的态度上，我揣度，应该是西方人认为泥土里挖出的石头，其比例不够完美，形体不够完整，一言以蔽之，就是不够逼真。的确如此，即使是我们认为很形象的象形石，一般来说，距离逼真仍有一定的距离。不够逼真的东西，显然不符合西方人的理念，是他们认为不美的东西。西方人从逼真的视角看赏石，认为赏石基本上就是没有什么价值的东西了。这应该是西方人与赏石分道扬镳的原因吧。有人说西方人也有赏石，但西方人的赏石和我们中国人的赏石不是一个概念。西方人赏石注重的是科学价值，其观赏客体常以各种动植物化石和多姿多彩的矿物标本为主，与中国人作为艺术品来观赏的赏石，根本就不是一回事。

可以说，西方美学是认识论，中国美学是体验论；西方美学重形式，中国美学重意境。

写实，就是要如实地描绘事物，似镜子照物，强调“像”，即便是意念中的物，也必须与生活中的物相像。写实注重客观对象的空间关系及物象本身的形体与色彩的再现。写意，是以简练的笔墨勾勒出物体的神态以表达意境，它不求工细，注重表现神态和抒发创作者的意趣。

在作画方面，宋代以前，中国艺术还是偏向写实的。中国的写意画始于唐代。宋代以后，文人画占得话语权，写实开始遭到鄙视。中国绘画的标准是谢赫六法，关于写实的“应物象形”排在第三位，前两位是“气韵生动”和“骨法用笔”。后来，文人画侧重前两位，轻视写实，甚至认为过分写实会影响前两个标准。

这样的审美理念自然影响到赏石。中国人在观看赏石的时候，似乎根本就不在意形体是否逼真，而更在意它是否“气韵生动”，是否能从审美客体身上得到审美的愉悦体验。而这种体验，不仅关乎审美客体的客观存在，也和审美主体的联想、想象有关。

一般地说，其他艺术形式，创作者在创作艺术品这种“形式”的时候，会自觉不自觉地给艺术品一个主题，有个思想；还有，创作者在创作的时候，他不可能完全摆脱自己所描摹的自然物桎梏，即使在写意的时候也会受到羁绊，不能够真正、完全地直抒胸臆。这样的艺术品既能激发欣赏者的想象，也限制了欣赏者的想象。

人类早期的艺术与儿童绘画，之所以有现代人缺乏的气韵，就是因为他们在缺少艺术表现技巧的同时，也去掉了现实这个枷锁，更加自由地表达自己丰富的想象力。毕加索说，我奋斗一生，终于画得像儿童画一样了。

赏石是自然之物，在其形成过程中当然也没有任何人为羁绊。自然界在创造一块块石头的时候，既没有标本，也没有思想。赏石就像儿童画一样“随意涂写”，妙趣天成。正是这种“妙趣天成”，让不同的人有不一样的认识，有一些“想象”超出人类思维所及。在没有其他“艺术形式”对“创作者”加以主观干扰的情况下，赏石有着独特的魅力。不同于西方人的审美习惯，让中国人在赏石中找到了无穷的乐趣。

本书内容在逻辑上是连贯的，在文字上尽可能做到朴实。就像我们这些不是计算机专业的人照样可以使用电脑打字一样，对本书中的一些晦涩的哲理论述您可以跳过去，直接看和赏石收藏实践有关的文字，不影响理解；您甚至可以不看文字，因为书中所选用的灵璧石，基本上是有代表性的，可以让您大致了解各个类别的灵璧石，尤其是灵璧磬石的概况。

第三节
赏石起兴的审美观念

在讨论赏石文化的时候，要注意赏石与石器之间的区别。忘了给赏石下一个定义：中国人所说的赏石，是指天然石，或以天然石为主体加以少许改造，可以给欣赏者以奇、美、善的感受和可以作为独立艺术品来欣赏的石头。

赏石的历史要比石器的历史晚得多（这说的是规模化，像前面提到的马卡潘斯盖碧石是偶然事件）。一些著作中把两者混淆以使赏石历史显得长些其实并没有必要。学术还是严谨些好。

比如很多人在写赏石历史的时候，容易引述下面两条记载。

一个是春秋时候的故事。《太平御览》引《阚子》："宋之愚人得燕石于梧台之东，归而藏之，以为大宝。周客闻而观焉。主人端冕玄服以发宝，华匮十重，缇巾十袭。客见之，卢胡而笑曰：‘此燕石也，与瓦甓不异。’主人大怒，藏之愈固。”

引文的大概意思是：一个河南人（也可能是个徐州人，因为当时的宋国疆域包括现在的河南东北部和江苏西北部）从当时的齐国即现在的山东淄博一带弄来了一块燕石，拿回家后珍藏起来，认为它是了不起的宝贝。从周地来的人听说了，就去看这块宝贝石头。石头收藏者穿着玄黑色的礼服来开启宝石，宝石用华美的器具一重重装着，又用橘红色的丝巾一层层包裹着（估计是跟央视《鉴宝》节目学的）。客人见了石头，掩口而笑说：“咦，这是燕石啊，与砖瓦没有什么差异。”主人大怒，从此将此石藏得更加严密。

这是一种多么富有喜感的场景，徐州人现在还有用布包裹石头的习惯。外地人不理解徐州人的这一习惯，说明他们不了解历史。

燕石，指燕山一带所产白石。宋人当时抱一块燕石回家，应该是他错把燕石当玉石了。这也是“燕石乱玉”典故的由来。注意，燕石、白石和玉石，都是用来被加工的原材料，是石材，加工好了叫石器，不是赏石。一个“燕石乱玉”被中国人笑话了两千多年。如果我们这一代人再把这个故事当作赏石的起源，让燕石在乱玉之后再乱一次赏石，就又够中国人笑话两千多年的啦，多丢人啊。

第二个例子是战国时《尚书·禹贡》中有“淮、沂其乂，蒙、羽其艺，大野既猪，东原底平。厥土赤埴坟，草木渐包。厥田惟上中，厥赋中中。厥贡惟土五色，羽畎夏翟，峄阳孤桐，泗滨浮磬，淮夷蠙珠暨鱼。厥篚玄纤缟。浮于淮、泗，达于河。”这段叙述没有前面那一段幽默，我就不提供翻译了。这里的“泗滨浮磬”意思是“古徐州泗水边上可以做磬的石头”，显然，这里说的是石材，加工过的叫石器，也不是赏石。

唐之前，赏石应该主要是装饰园林之物，从某种意义上来讲，这还不能称得上是赏石。区别是，唐之前，天然奇石作为庭院装饰之物，与树木、花草等一起构成园林景观，而自身不是独立艺术存在；唐之后，一部分天然奇石是作为独立观赏客体进入庭院、厅堂而存在的。我在欧洲也看到有些庭院里放一块石头，但他们放的石头是有些方整的，应该是经过切割的石头。为什么放？就是觉得这样庭院就不单调了，不是这块石头，放个别的物件未必不可。我们接受这样一种观点，就是油画是艺术品，但画油画的颜料不是艺术品。独立欣赏的石头叫赏石，庭院中独立欣赏的石头也是赏石，但垒假山的石头不是赏石，置于盆景中起修饰作用的石头不是赏石，庭院中与梅兰竹菊松联合造景的石头不叫赏石。

如果这个观点是对的，赏石应该始于唐代。

唐代诗词书画中开始有赏石出现。这方面的文献记载很多，大家可以自己查找。

值得研究的是，中国的赏石始于唐代，中国的写意画也始于唐代。这应该不是简单的巧合，而是中国人审美志趣的一个交汇点。写意画与赏石都重“意”轻“形”，如果按照写实的标准来要求赏石，所有的赏石都没有欣赏价值，这也是西方人不欣赏赏石的原因，前文对此已有论述；只有“重意轻形”，才能在赏石中找到乐趣。赏石与写意画两大艺术形式有相同的视角和基点。

赏石与中国人的写意有更接近的思考方式，两者都从唐代出发。如果算上大约300万年前人类第一块赏石就是人类第一件艺术品那一次的交汇，赏石与人类艺术在重大时间节点上总是不期而遇。

北宋中后期，赏石开始有规模地进入采石筑园、登堂入室、陈设清供的阶段。至宋徽宗修筑艮岳，赏石迎来第一次规模化的发掘与观赏高潮。中国的写意画到了宋代的文人画时达到了顶点，中国的赏石在宋代也达到了历史高潮。宋代出现了宋徽宗、苏东坡、米芾、杜绾等赏石大家，更有米芾提出“瘦透漏皱”、苏东坡提出“文而丑”等赏石理论，其影响至今无人超越。

赏石与写意画都始于唐代，高潮在宋代；赏石与写意画都兴盛于中国，都湮灭于西方（近代才有）。这中间是不是有什么内在的逻辑？

当然有，审美观念使然。

第四节
赏石是不是艺术品

西方人不仅认为赏石等自然物不够完美，而且认为自然物不是艺术品。黑格尔就明确表达过这种意思。其实，西方人认为自然物不是艺术品倒不能简单从字面理解，所谓“艺术”，所谓“术”，当然是需要“人为干涉”的，不然怎么能叫“术”。我们不咬文嚼字，抛开字面意思，其实西方艺术观念与中国人的艺术观念是有一些共同东西的，那就是艺术既要模仿自然，即逼真，又要高于自然，有意志与情感在里面。艺术家毕竟不是照相机。

这就是西方人反对自然物成为艺术品的两个原因：第一个，他们认为自然物形式上不完美；第二个，他们认为，艺术作品应该理解为人的创造物，只有人为干涉的东西，才有人类情感意志的体现，才能够高于自然物而成为艺术品。

赏石是不是美的，这个问题前面有论述，中国人认为是美的；至于赏石是不是艺术品，其实我们最纠结的应该还不是它是不是“人为干涉”，而是赏石是否有“意志”的体现。

赏石是大自然的“作品”。不过，我们扩展一下思路，可以把它们假设成造物主（其实是自然）的“作品”，是造物主这个“艺术家”创作的艺术品。如果您愿意接受这个假设，我们就首先解决了“人为干涉”这一个障碍，突破这一个堤坝后，至于赏石是否有“意志”这个堤坝，自然也就可以突破了。造物主创造的自然，是怎样有了人的意志的呢？

注意，艺术不仅是客体动情于人，还有主体移情于物。

大自然在创造赏石的时候，是没有我们所谓“意志”的，然而，您可以确认，猴子随意敲打电脑键盘，它一定打不出“床前明月光”。要知道，能够被大家收藏的赏石，可是万里挑一，是在众多千奇百怪的石头中间挑出一些“有思想”“有意志”的石头，这在逻辑上是成立的。

现代物理学发现，物体的颜色不仅取决于物体本身的属性，而且取决于物体的光谱反射到动物眼睛后动物形成的感受，不同的动物所感受到的颜色是不同的，不同的人所感受到的颜色也可能是不完全一样的。

艺术“主体移情于物”，可以用一种常见现象加以解释，看到一块冰冷的石头，有人无动于衷，有人却被深深打动。人是否感动也可以说并不取决于石头本身的“属性”，而主要是您过往的经历，知识的记忆，与此石是否能够产生联想与共鸣，一旦产生了联想与共鸣，是您赋予了石头以“思想”与“意志”。基于此，可以说，相对于主体，有关石头是有“思想”与“意志”的。

本书的研究方法，就是把赏石作为艺术品，与其他艺术门类作对比研究，以便找出赏石欣赏的美学规律。

第二章 从艺术形式上对赏石分类

上一章我们做了一种假设，就是把造物主（自然）假设为艺术家，灵璧石是造物主这个“艺术家”创造的艺术品。既然赏石是艺术品，我们就可以按照艺术品分类的办法来给赏石分类。

综合所有的艺术表现形式，我们可以把艺术划分为具象、意象和抽象三个大类别。

人类最初的艺术品，都是模仿自然物创作出来的。不管是绘画还是雕塑，创作者在创作过程中都有一个或想象一个模特的存在，其表现方式可以多种多样。模特可以是人、虫、鸟、山、水等。模仿从稚嫩走向成熟，到了达芬奇创作出《蒙娜丽莎》的时候，已经很难再有超越。

工整的模仿之后，中国人选择了写意，西方人选择了印象派。

中国的写意远远早于西方的印象派。中国的写意始于唐代，至今有1000多年的历史了；西方的印象派始于19世纪晚期，约有100多年的时间。但从艺术发展轨迹上看，“写意”与“印象派”都是在工整的“具象艺术”之后发展起来的，应该属于艺术发展的同一个过程。

西方的印象派绘画以及之后的后印象派、野兽派、立体主义等绘画，与中国的写意画，都是生长在写实主义的土壤之中，艺术处在还没有完全摆脱模仿自然的阶段，但是艺术家们的主要兴趣已经转化为准确而客观地描绘个人面对世界时的感受，而不再追求逼真，都讲究“意到笔不到”。在艺术表现上，后印象派就提出“艺术形象要异于生活中的物象，用艺术家的主观感情去改造客观物象，要表现出‘主观化了的客观’”。我们把这一个“写意”而不“写实”，但又“没有完全摆脱模仿自然”阶段的创作艺术，归于“意象”类艺术。这和很多艺术史的分法不一样。艺术史一般把这类艺术归为“抽象”类艺术。

写实与写意，也可以表述为再现与表现。再现与写实，基本对应；表现不仅包括写意，还有抽象艺术。

写实与再现，是指艺术家在其作品中，对他所认识的客观对象的具体描绘，追求感性形式的完美和现象的真实，在创作倾向上偏重于认识客体，模仿现实。但是，艺术的再现不是对客观现实的机械反映，不是纯客观地复制现实，而是艺术家将他所认识的客观现实，按照美的规律加以传达和表现。因此，再现的真实不是客观世界本身的真实，而是艺术的真实，是艺术反映客观世界的真实。

写意、抽象与表现，是指艺术家运用艺术表现手段来表达自己的情感、体验和审美理想。在创作手法上，偏重于理想地、情感地表现对象或抛弃具体的物象，追求超感觉的内容和观念，常采用象征、夸张、寓意、变形等艺术语言，以突破感受的经验习惯；在创作倾向上，偏重于表现主体意识，直抒胸怀，不求形似。

到了现代，东西方艺术家殊途同归，艺术从具象、意象走向抽象（不是说所有的艺术家都放弃了具象，目前是各种艺术形式并存）。

抽象艺术是一种不描绘、不表现现实世界的客观形象，也不反映现实生活，没有主题，无逻辑故事和理性诠释，既不表达思想，也不传递个人情绪，纯粹由颜色、点、线、面、肌理构成组合的纯粹形式的视觉艺术。

上面，我们对艺术形式进行了分类，将艺术区分为具象、意象、抽象三个类别。对应到赏石这类“艺术品”，也可以将其分成“具象石”“意象石”“抽象石”。

在赏石界，一般将赏石分为象形石、山形石、供石、禅石、园林石等。显然，象形石、山形石，都是大自然中有“模特”的石头，可以算作具象石或意象石，进一步区分的方式看其是重“实”还是重“意”；禅石、供石、园林石，基本上算是抽象石一类，当然，园林石中也有象形石，只是抽象的居多。

这是两种并存的分类方法，具象石、意象石和抽象石分类，是从艺术表现方式上划分的；象形石、山形石、供石、禅石、园林石，是从艺术表现客体的类别不同、体量大小等方面加以区分的。就像我们可以把孩子区分为小学生和中学生，也可以区分为男孩和女孩。

第一节
具象石

人类艺术是从低级向高级慢慢发展起来的。写实性艺术是有赖于人类对客观世界的认知能力、表现能力（技法）和艺术材料的进步而进步的。写实艺术，是绘画与雕塑艺术家们创作的主要形式。具象石，因其更容易被大众所欣赏、发现，在各类赏石中均占有重要位置。

所有学习绘画与雕塑的学生，一般都要从临摹古希腊人体雕塑开始，最完美的雕塑是古希腊人体雕塑。古希腊雕塑是怎么来的呢？古希腊人崇尚哲学与运动，他们每四年举办一次运动会，这是我们现代奥运会的前身。那个时候，运动员在竞技场上是不穿衣服的，他们认为身体是最美的，身体是造物主赐予的，穿上衣服就是对造物主的不敬。在运动场上，那些经过长期训练的身体，一定是非常健美的，那些运动冠军的身体和运动姿势，会被艺术家描摹下来，形成绘画或者雕塑。所以，古希腊的人体雕塑成为后世不可逾越的高度，是因为他们选择了不可逾越的模特，饱含雕塑家对人体的敬仰之情。后来，到了古罗马时期，雕塑的美多元化了，美不单是年轻一种状态，也不单是健康一种状态，古罗马雕塑开始出现老年人、政治家等各种我们认为是苍老、狡诈等不是一般认为的很完美的形体。其实这种不完美可以视为另一种完美。比如，雕塑家在雕琢老人形象的雕塑作品的时候，它没有了年轻人体型的完美比例，也没有了那种形之于外的健壮肌肉，但可以去表现老年人的沧桑、包容、睿智，这不是另外一种美吗？

把古希腊雕塑、古罗马雕塑和自己的身体，三者对比一下，您会发现，古希腊雕塑是理想的，古罗马雕塑是多元的，自己的身体是不完美的。相对应于具象石头，您会发现，有些石头的形态呈现比例非常完美；有一些石头的形态尽管呈现比例不完美，但它会呈现另外的美好，包括“善”的想象；还有一些，就是像我们大部分人的身体一样，是不完美的。

怎样欣赏具象石？本书中出现的象形石很多，它们中的大部分是具象石，大家可以先看看后面的石头照片，看看灵璧石的象形石能达到一种什么水平。

每一种艺术门类，在表现力上都会有自己的特点。下面我们先把水墨画和油画做一下对比。

油画的颜料表现力丰富，这使得油画在以色彩造型的艺术表达手段上衍生出许多不同的艺术表达风格（艺术流派），其中所触及的也不单是绘画技法的变革，更推动了艺术思维方式和观察方法的改变。

水墨画（或者称国画）经历了长期的变化，因为画具画材的变革不是很大，也就没有像油画那样发展出严谨的明暗、结构、色彩等造型方式。也因为画具画材的限制，国画的表达方式一直未脱离线条造型，但在发展过程中也产生了色块造型、散点透视、晕染等多种绘画技巧。同样出于画具画材原因，国画发展中形成了与油画那种基于写实方向的绘画科学理论完全不同的另一种绘画理论，并在此基础上产生出许多基于墨、线等自成体系的绘画技法。

油画技法的核心是色彩造型。我们看到油画作品中，都使用大量的色彩对比及微差，来表现画面中的形象。而水墨画那种基于线条造型的绘画手段，使其在表达方式方面大受局限，这反而使得国画能够更大程度发挥线条的表现力。水墨画与油画相比，因为前者是基于线条造型，因此在色彩表达方面非常薄弱。国画的“墨分五色”最初就是因为国画颜料发展比较缓慢，之后则渐渐演变成“在限制中求生存”的一种刻意表达的艺术手段。我小的时候，家里人给我写了一幅字“长得丑就得好好读书”，我觉得很励志，就一直挂在自己的床头上。中国

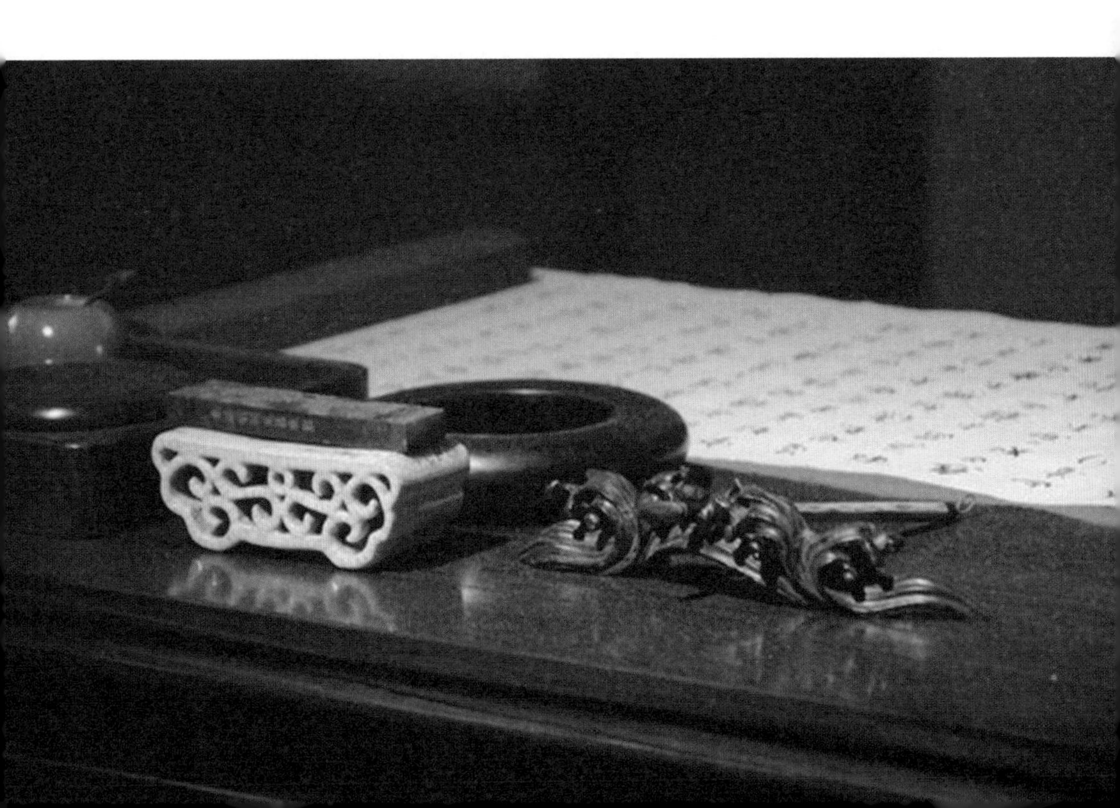

人都知道在限制中求生存。

各个画种的存在都有其历史发展原因，但它们之所以到现在仍能在艺术领域内占据一席之地,并不都是历史地位造成的,更是因为它们独特的艺术表现力。

赏石与其他艺术形式一样，其艺术表现也有其自身的局限性，也是“在限制中求生存”。

灵璧石和太湖石对比，硬度大是灵璧石的优势。硬度大带来质感美，音质悦耳，但正是这个优势使其难以后天再形成更多的孔洞。灵璧石的孔洞大多是先天形成的，就是在沉积成岩过程中因物质不同，硬度较小的部位形成了孔洞。石头一旦形成后，后天较难有大的改变，难再形成新的孔洞。每一个石种，都有特点。独特的形成环境，造成了灵璧石孔洞不足，以象形见长。

然而，造物主不是一个敬业的“雕塑家”，没有像我们人类大多数雕塑家一样，把该加的都加上，该减的都减去。造物主的灵璧石作品，一般都是“未完成的作品”——有的象形石不够完整，比如乌龟没有四肢，猪没有尾巴，等等。

维纳斯是大家熟悉的古希腊石雕像，表现的是古希腊神话中爱与美的女神阿佛洛狄忒。从雕像被发现的第一天起，就被公认为迄今为止古希腊女性雕像中最美的一尊雕像。她那微微扭转的姿势，使半裸的身体构成了一种十分和谐而优美的螺旋型上升体态，富有韵律感，充满魅力。令人惊奇的是她的双臂，虽然已经残断，但伴随着那雕刻得栩栩如生的身躯，仍然给人以浑然天成的完美之感，以至于后世的雕刻家们在竞相制作复原其双臂的复制品后，都为有一种画蛇添足的感觉而叹息。身临其境，您不觉得那是断残，反而觉得是一种不可低估、难以替代的缺憾之美。

灵璧石中的这种“残断”较为常见。当然，有一些残断是遗憾的，但很多的残断既不影响审美，反而更增加趣味。比如“圆满富足”这块纹石（图 2-1），没有四肢，没有尾巴，即使是没有玩石经验的人，一看也知道它是头猪的形态，就是作品具有猪的神韵，憨态可掬，若加上四肢，反倒失去了现有的趣味。尤其是，中国人喜欢联想，中国人口里说的“美”往往是“善”，这头猪没有尾巴，给人以“福报没有尾”的想象。

所以，我们在给赏石配座的时候，没必要画蛇添足，没必要把断残补整齐。我看到有人在配座的时候，给乌龟加上四条腿，很是别扭，很费木头。一方面，从审美的角度，艺术不是简单的再现，我们没有必要追求所谓的完整；同时，我们要尊重赏石这种特殊的艺术形式，“不完整”是赏石的艺术特点，我们要容忍并欣赏这一特点。艺术的“完整”不同于现实的完整。我一向主张，配座要简单，不要影响对赏石的观赏。既要欣赏赏石的美，也要欣赏赏石的残，不要“帮助”造物主，我们要欣赏自然本来的样子。

圆满富足

石种：灵璧纹石　尺寸：100cmx56cmx56cm

图 2-1

晨韵

石种：灵璧透花石 尺寸：31cmx4cmx25cm

图 2-2

灵猿戏藤

石种：灵璧蚰蜒石 尺寸：22cmx14cmx26cm

图 2-3

林冲夜奔

石种：灵璧白筋石　尺寸：17cmx12cmx23cm

图 2-4

石种：灵璧蛐蟮石　尺寸：26cmx14cmx2

图 2-5

荷塘春雨

悟空

石种：灵璧彩石　尺寸：12cmx12cmx20cm

八戒

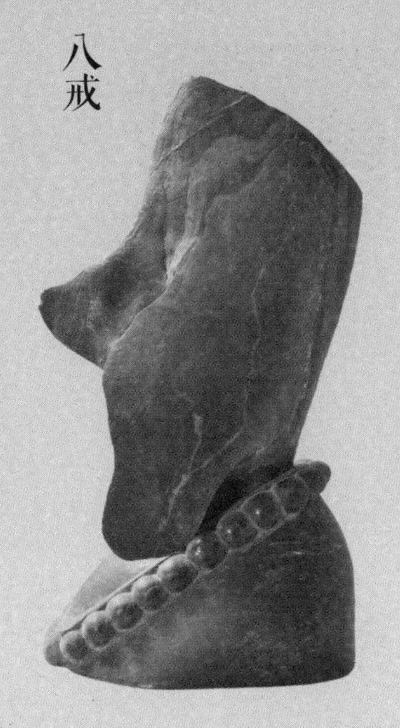

石种：灵璧彩石　尺寸：23cmx10cmx32cm

沙僧

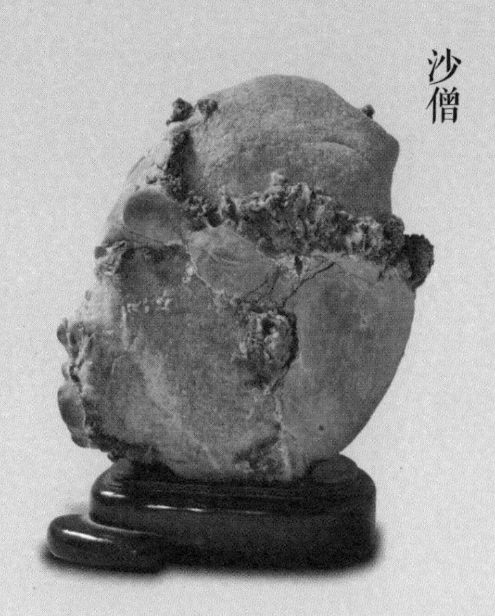

石种：灵璧黄灵石　尺寸：17cmx10cmx22cm

图 2-6

鹤立千秋

石种：吕梁石　尺寸：38cmx16cmx52cm

图 2-7

乘风破浪

石种：吕梁石　尺寸：55cmx26cmx20cm

图 2-8

泥公鸡

石种：灵璧彩石　尺寸：25cmx12cmx36cm

图 2-9

三黄鸡

石种：灵璧彩石　尺寸：38cmx22cmx30cm

图 2-10

观音送子

石种：灵璧白灵石　尺寸：18cmx14cmx26cm

图 2-11

萌宠

石种：灵璧磬石　尺寸：18cmx12cmx8cm

图 2-12

足迹

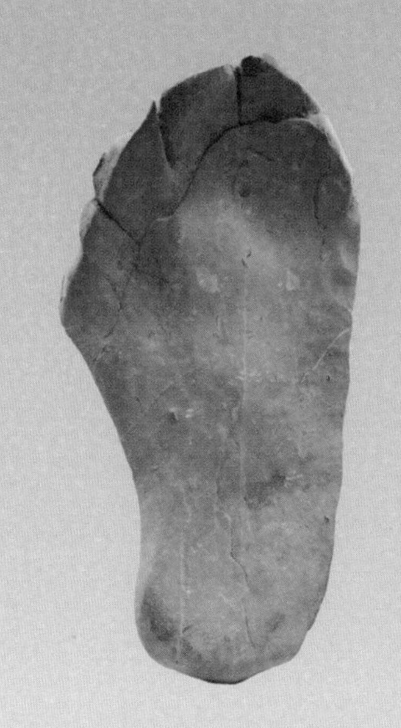

石种：灵璧磬石　尺寸：14cmx4cmx25cm

图 2-13

远古跫音

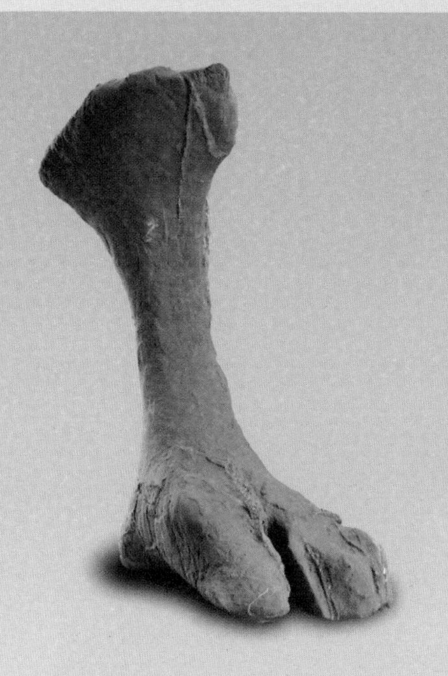

石种：灵璧磬石　尺寸：35cmx22cmx53cm

图 2-14

行吟

石种：灵璧磬石
尺寸：50cmx40cmx190cm

图 2-15

观自在

石种：灵璧纹石
尺寸：49cmx29cmx184cm

图 2-16

尖嘴鸟

石种：灵璧磬石　尺寸：16cmx5cmx8cm

图 2-17

惊蛰

石种：灵璧磬石　尺寸：60cmx30cmx28cm

图 2-18

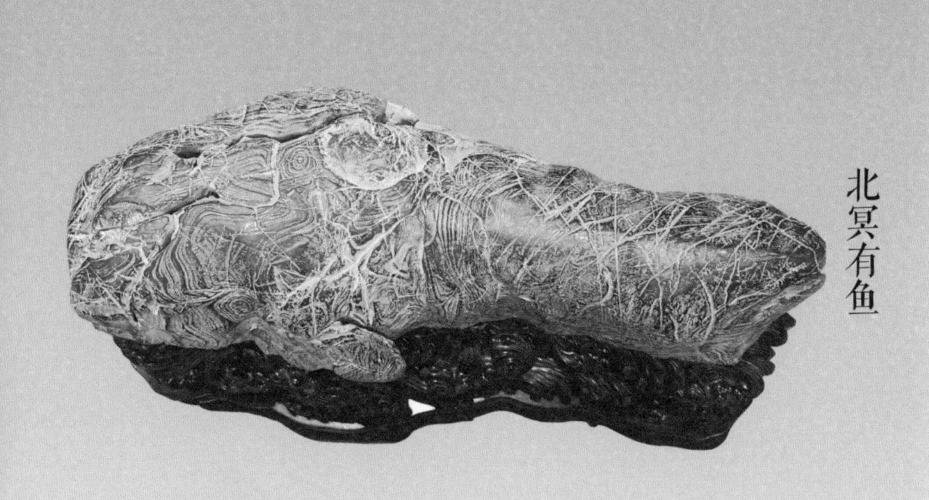
北冥有鱼

石种：灵璧纹石 尺寸：80cmx34cmx24cm

图 2-19

丝路魂

石种：灵璧纹石 尺寸：46cmx26cmx46cm

图 2-20

牛尊

石种：灵璧纹石　尺寸：78cmx27cmx34cm

图 2-21

海豚

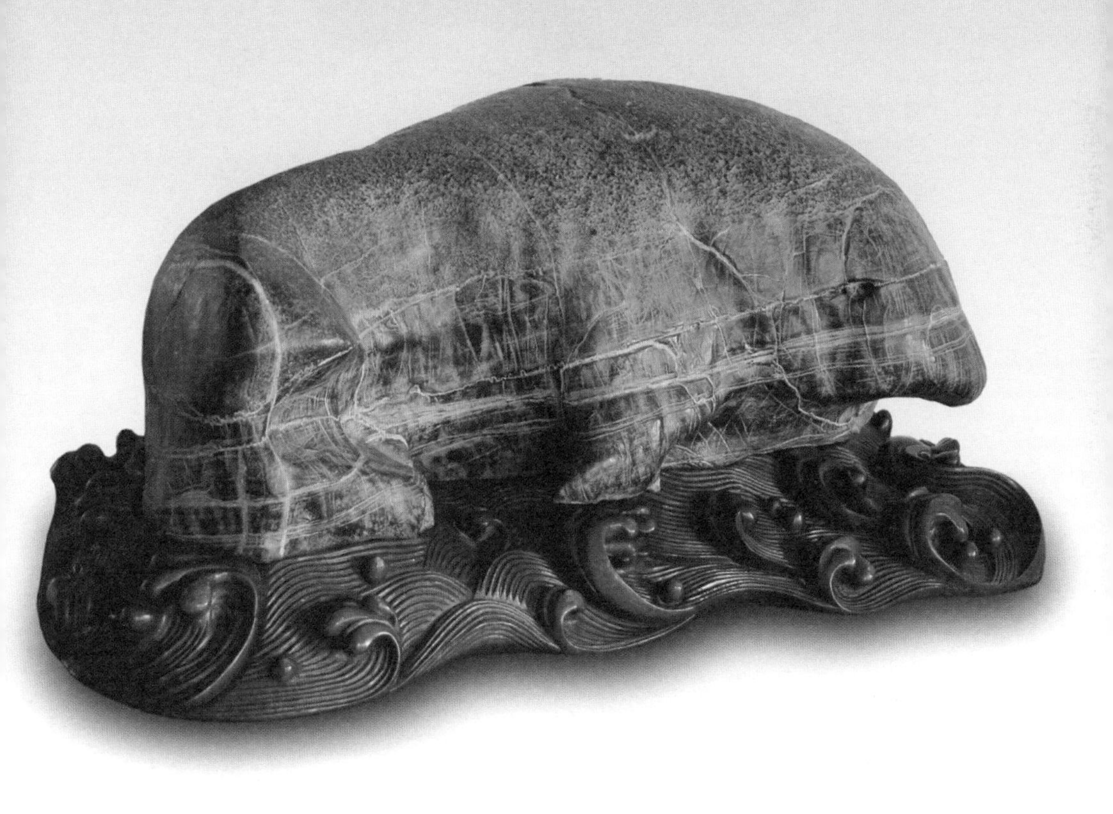

石种：灵璧磬石　尺寸：66cmx46cmx36cm

图 2-22

福寿全

石种：灵璧磬石　尺寸：220cmx90cmx90cm

图 2-23

蚕

石种：灵璧彩石　尺寸：80cmx16cmx29cm

图 2-24

荫及子孙

石种：灵璧磬石　尺寸：128cmx60cmx158cm

图 2-25

下面是一些具象的象形、图案灵璧石，供大家欣赏，看看灵璧石的象形、图案石能达到什么水平。这里面很多石头在石头圈的名气可比我的大得多。所有的山峰，这里也归为具象石。当然，山无定势，山峰并不像动植物那样有个大致的标本，那些变化丰富，能给人以美好想象形状的山形石，就是好的山形石了。这里说到两点，一是“变化丰富”，层峦叠嶂算变化丰富，石体表面有纹路，有珍珠，有沟壑，也算变化丰富。二是“给人以美好想象”，怎样才能“给人以美好想象”？

有一个名字叫“古典赏石”的微信平台上曾经刊登过一篇未署名文章《如何选择山形石》。文章提出选择山形石的“六不原

石种：灵璧蛐蟮石　尺寸：59cmx39cmx29cm

图 2-26

西风古道

石种：灵璧磬石　尺寸：18cmx9cmx7cm

图 2-27

峰回路转

石种：灵璧磬石　尺寸：45cmx36cmx22cm

图 2-28

象山有居

石种：灵璧纹石　尺寸：120cmx50cmx56cm

图 2-29

卧虎藏龙

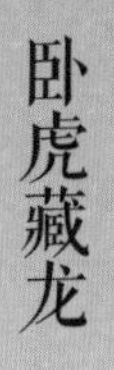

石种：灵璧磬石　尺寸：138cmx46cmx36cm

图 2-30

漓江印象

石种：灵璧磬石　尺寸：160cmx58cmx47cm

图 2-31

龙潭虎穴

石种：灵璧磬石　尺寸：150cmx90cmx50cm

图 2-32

瑶池

石种：灵璧磬石　尺寸：256cmx170cmx100cm

图 2-33

石种：灵璧磬石　尺寸：210cmx160cmx80cm

图 2-34

虎丘

石种：灵璧磬石　尺寸：200cmx146cmx116cm

图 2-35

穿山望月

石种：灵璧磬石　尺寸：270cmx130cmx140cm

图 2-36

图 2–37　石种：灵璧磬石　尺寸：270cmx120cmx96cm

则”，分别是不走、不跑、不挡、不顶、不乱、不倒。不走，忌潭池之水向后流走；不跑，忌赏石面一侧或两侧向后飘走，无从形成环抱；不挡，忌挡景，即前景遮挡后景的现象；不顶，忌顶胸，山腰山脚向外突出，使观者有拥堵冲撞之感；不乱，忌主次不分；不倒，忌山峰前后左右倾斜。不走聚水，不跑聚气，不挡景深，不顶舒心，不乱主题分明，不倒则峰直气正。

总结一下，具象石要求石头要形象逼真，所模仿的自然物或比例匀称、生机健康，或表现出友善、平和、睿智等广义上的美。这些，就是较好的具象石。不具有以上特点，就是不够完美的具象石。

第二节
意象石

西方油画在写实性绘画领域占有极大优势。在欧洲文艺复兴以后的400多年里，欧洲写实性绘画蓬勃发展，涌现出许多大师级画家，是写实性油画发展的巅峰时期。自从19世纪中期出现了摄影技术以后，西方开始出现否定写实性绘画的论调，使其逐渐走向了衰落，随之产生的各种现代派绘画渐次领导潮流。

其实早在南宋时期，中国人就已经把这种超脱于写实的画法称之为“减笔”或“简笔”，后来改称“写意”了。

“写意”，摒弃了写实性绘画中容易存在单纯模拟客观物象的自然主义倾向，强调了画家主观的个性化意识。写意强调艺术家的主观感受在作品中的体现，画的不是表象而是意象，追求的不是形似而是神似。齐白石有句名言“妙在似与不似之间”。“写意”的关键在于画家的主观情思与客观物象的融合能否一致，且产生一个新的艺术形象。这个新的艺术形象既要符合客观物象的实质特征，又要体现画家的意念。

相对于具象石，意象石欣赏是比较困难的。因为意象作品侧重点在于表达创作者的“意”，在“写意”，作品不像具象作品那样直白，欣赏者是否能够理解创作者的创作意图成为欣赏作品的前提，这需要欣赏者有一定艺术审美经验的积累。

写意作品讲究意，当你看写意作品的时候，要看它的立意是否生动。欣赏者读懂了创作者的立意，并被感动，产生共鸣，才能在回味不尽的意趣中得到艺术享受。

写意首先要立意。所谓立意，就是确立艺术作品所要表达的主题。比如“泼墨乌龟”（图 2–38）这块石头，身体极度压扁、扭曲，背壳上凹凸不平，重心偏向一边，面部却极度平静，似

图 2–38　石种：灵璧磬石　尺寸：22cmx19cmx2cm

乎是武林高手，体内气象万千，外表却风轻云淡，展现出创造者（造物主，自然）丰富、内敛和强大的“意志力”，主题十分明显。意在笔先。艺术家在创作时，是通过艺术作品来表达他对生活的看法，把自然景色和个人的感情结合在一起。写意作品贵在得意，它不但要临摹对象的外形，更要刻画出对象的神情，同时强烈地包涵艺术家自身抒发的意境和意趣。

意象一类的艺术品，不追求精准，甚至不屑于精准，不着眼于详尽如实、细针密缕地摹写现实，而采用简略的画法，要求通过简练概括的笔墨，着重表现客观物象的神韵，抒写艺术家的主观情致。

再看看“青牛”（图 2–39）这块石头。牛的头部没有任何细节的刻画，上下两笔，牛角和面部就出来了，面部上的所有器官都没有描写。显示艺术功力之处，与头部前倾相呼应，尾部采用粗、短的处理方法，既与前部保持统一的艺术手法，又起到平衡、稳定的作用。身上很随意、洒脱地上下几笔纹饰，看似风轻云淡，实际上让整个牛活起来了。没有腿部。您可以试试看，要是有腿部是不是就显得局促和多余？整个画面没有任何细部描写，唯有身上几个纹路细节，还与真实的牛特征无关，表达的是意象而不是写实。这种大写意在中国画里常见，在灵璧石里非常难得，是写意灵璧石里的神品。

这块石头出土较早，成名较早，被很多石友爱称“长脸牛”，

图 2-39　石种：灵璧纹石　尺寸：50cmx12cmx26cm

被观象博物馆收藏后再没有展出过。“青牛”名字取自老子“坐下神牛”。

再看“立体乌龟”（图 2-40）。这块石头很多人初看是不怎么喜欢的，不怎么符合中国人的审美习惯。不过，您要是把这块石头和毕加索的画放一起欣赏，您会突然尖叫：“这不就是立体主义吗？”

立体主义是西方现代艺术史上的一种运动或者说一个流派。立体主义的艺术家追求碎裂、解析、重新组合的形式，形

图 2-40　石种：灵璧磬石　尺寸：47cmx47cmx9cm

成分离的画面，以许多组合的碎片形态为艺术家们所要展现的目标。艺术家以许多角度来描写对象物，将其置于同一个画面之中，以此来表达对象物最为完整的形象。物体的各个角度交错叠放，造成了许多垂直与平行的线条角度，散乱的阴影使立体主义的画面没有传统西方绘画透视法造成的三维空间错觉。背景与画面的主题交互穿插，让立体主义的画面创造出一种二维空间绘画特色。

例如在毕加索《亚维农的少女》（图 2-41）画上，正面的人脸上画着侧面的鼻子，而侧面的人脸上画着正面的眼睛，人的身体像几何块似的。

图 2-41

图 2-40 所展示的这个“乌龟”，身体就像一个一个几何体。似乎是有一个艺术家，用他的工具，将“乌龟”石头的整体分解成几个部分，然后规整成一个个几何形状，再重新组合在一起。您真的应该相信造物主就是个立体主义画家了！

下面这条石鱼（图 2-42），艺术表现手法很特别。立体主义的表现方式就是解构与重组，把三维的形体用两维表现；而下面这条石鱼好像是反其道而行，把鱼尾巴割裂开，错位后在与身体平行的另一空间里表现出来。

后面还会出现的一块“大眼睛青蛙”石头（图 4-3，第 158 页），也是立体主义风格强烈的作品。

在这里，顺带提醒各位赏石爱好者的是，我们往往是以中国人的审美理念来判断赏石的价值，我们习惯于在灵璧石前面加上“中国”两个字，其实这里的“中国”应该是赏石的出产地，而不应该成为艺术欣赏的桎梏。出土于中国的灵璧石，我们看到的好像都很符合中国人的审美习惯，好像当初造物的时候，东西方分别有两个造物主似的。其实，灵璧石中间有一些不符合中国人的审美习惯，很“西化”，这样一批批石头在从采集者到藏家一层层环节中被淘汰了，这是令人遗憾的。

有一类赏石，属于意象类赏石，艺术表现手法比较特殊。

大家看看“真牛”（图 2-43）这块石头，有牛的形状吗？一点都没有，整体看下来却有牛的神韵；尤其是其头部，如竖起的大拇指，而中国人在竖起大拇指的时候，会情不自禁地说一句“真牛”。

图 2-44“狼图腾”这块石头，也没有狼的形体，只有狼

图 2-42　石种：灵璧磬石　尺寸：21cmx6cmx12cm

真牛

石种：灵璧磬石　尺寸：440cmx65cmx350cm

图 2-43

狼图腾

石种：灵璧磬石　尺寸：96cmx40cmx220cm

图 2-44

的神韵。

像这种几乎没有形体，却富有神韵的大写意，人类加工的艺术作品是很难表现出来的，但在赏石、盆景、根雕等自然物中有不少佳品存在。

如果要在人类加工的艺术作品中寻找，儿童绘画，或者给儿童看的绘画中可以找到。德国艺术家的儿童画《巴巴爸爸》有几分神似，很受孩子们的喜爱，如图 2-45 所示。

图 2-45

我们不再一个一个地赏析，像前面讲过的“青牛”“真牛”“泼墨乌龟”“立体乌龟”，后面将会出现的“大眼睛青蛙”和下面给大家看的“平板乌龟”(图 2-46)、“大丑蛙”(图 2-47)、“潜龙”(图 2-48)、“鹊依枝静”(图

平板乌龟

石种：灵璧纹石　尺寸：100cmx48cmx7cm

图 2-46

大丑蛙

石种：灵璧蛙石　尺寸：76cmx126cmx30cm

图 2-47

潜龙

石种：灵璧纹石　尺寸：220cmx110cmx30cm

图 2-48

鹊依枝静

石种：灵璧磬石　尺寸：50cmx35cmx39cm

图 2-49

山雨欲来

石种：灵璧磬石　尺寸：62cmx46cmx42cm

图 2-50

踏雪寻梅

石种：灵璧透花石　尺寸：18cmx6cmx22cm

图 2-51

图2-52　石种：吕梁石　尺寸：20cmx16cmx36cm

2-49)、“山雨欲来”(图 2-50)、“踏雪寻梅”(图 2-51)、“生命”(图 2-52)，都是很有代表性的意象石。

我们在每一节会有一些石头欣赏，这样与文字对照着看，可以帮助大家理解概念。

第三节
抽象石

下面，我们谈谈抽象石。

抽象，最初指的是对具象的概括和提炼，使得画面消解了具体的轮廓和细节，变得高度象征化（意象）；后来，抽象走向了极端，彻底摆脱了具体的形象和物象，画面不描绘、不表现现实世界的客观形象，也不反映现实生活；绘画没有主题，无逻辑故事和理性诠释，既不表达思想，也不传递个人情绪，纯粹由颜色、点、线、面、肌理构成。

英国美学家克莱夫·贝尔（Clive Bell，1881—1964）提出“有意味的形式”的概念：在各个不同的作品中，线条、色彩以某种特殊的方式组成某种形式或形式之间的关系，激起我的审美感情。这种线、色的关系和组合，这些审美的感人的形式，我称之为“有意味的形式”（《艺术》，中国文联出版社 1984 年版，第 4 页）。

如果一块石头，在自然界里能找到对应物，我们可以根据这块石头是写实还是写意，来判断石头是具象石还是意象石；如果在自然界里找不到对应物，一般来说，这块石头就可以归为抽象石。按这种说法，我们平时所说的供石、禅石、园林石，基本上都算是抽象石。

那怎样欣赏抽象石呢？

这是一个比较难回答的问题。因为，如何欣赏抽象艺术，目前是一个争议很多的问题，同样一件艺术作品，不同人之间的欣赏理念分歧远远大于具象与意象作品本身。

抽象艺术没有我们一般意义上的主题，欣赏者眼里看到的，不一定就是创作者所要表达的。欣赏者在看一幅作品时，没有能力完全领会到创作者创作时的情绪和想法，欣赏者只能从作品本身得出自己个人独立的理解，在完成艺术审美时，即使动用了情绪也是自己的，和创作者的情绪不一定有关。

欣赏具象石、意象石的时候，相对比较好把握，写实是否逼真，写意是否传神，这些相对容易达成共识；抽象石的欣赏，就像抽象艺术欣赏一样，难以把握，难以达成共识。这也是往往具象石价格超过意象石价格、意象石价格超过抽象石价格的现实原因。

是不是抽象石就没有共识呢？抽象石，抽象艺术到底有没有相对标准呢？

大家在看完本书第三章“赏石常用的美学法则”，及第四章“灵璧石的形成及主要艺术表现形式”，之后再来讨论这个问题比较好些。因为欣赏抽象艺术，一要看其是否有一种“有意味的形式”，这个问题在掌握一些美学法则后比较好理解；第二就是要看创作技法是否有创新，这一点在您读完第四章“灵璧石的形成及主要艺术表现形式”后就理解了。

第四节
稚嫩期艺术类比的赏石

“我花了四年时间画得像拉斐尔一样，但用一生的时间，才能像孩子一样画画。”这是毕加索广为人知的一句话。如果毕加索生活在当下，有个玩石的朋友，他也许还会在赏石中找寻灵感。

在本章的第一到第三节，我们分别介绍了具象石、意象石和抽象石，我们以其他艺术形式作类比，对赏石进行分类，做对比研究。前面我们所类比的艺术，选择的是人类成熟期的艺术；人类未成熟时期的艺术，或者儿童时期的艺术，尽管也是按照具象、意象、抽象来区分的，但其艺术表现与成熟期艺术表现有不同的趣味。

幼儿绘画，与人类早期的绘画极为相似。儿童画的造型，是在自己直观感受的支配下进行的，因此，儿童笔下的形象往往与现实的对象有很大的差距，有时夸张，有时削弱，有时浓烈，有时淡雅。他们不从物体的外貌上追求形体的透视、比例，尽情夸张，却收到意外的效果。儿童的观察力是简单的，他们只描绘物的主要特征，属于一种整体的观察方法，大量去掉非特征性的枝节，从大体上保持特征。这种从整体观察事物的方法，正是儿童观察事物的突出特点。儿童由于受心理特征约束和知识范围局限，他们做不到面面俱到，无法分析物体之间的比例关系，所以其绘画在造型方面常常不按物体的实际比例进行。

幼儿绘画的内容往往是作者自己想象的，而不是照物临摹的。他们画画的目的不在于画出与物体相似的形象，而只是借助画画这种活动来抒发自己的情绪和感受。幼儿绘画带有明显的随意性、自由性和无目的性。这种绘画表现特征，被人们习惯上称为“涂鸦”。

这个阶段的儿童特别喜欢随意涂画，他们画自己知道的，而不是画看到的；儿童画不是现实世界的复制品，就像很多艺术大师的理论那样，我们不能看到什么画什么，精确的描绘不等于艺术。成人经常把一些意义强加给儿童：“你画的狗怎么少一条腿啊”，“你的头画得太大，不合比例”，“你的房子为什么没有窗户”，等等，但是在瓦西里·康定斯基（Василий Кандинский，1866—1944，俄罗斯画家和美术理论家，抽象艺术的先驱）的眼里，孩子不仅能够不受物体表象的干扰，而且能够把它的“内在需要”表现出来，以一种有感染力的、直接的方式表现出来。艺术家们的毕生追求，可能就是像孩子那样抓住事物的“本质”。

在不同的阶段，幼儿绘画表现出不同的特征，大致上可以区分为涂鸦期、象征期和形象期。

幼儿最初的绘画行为，没有明确的绘画目的，他们以游戏的形式，不受或少受视觉控制，随意描绘。像下面这幅画（图

儿童作品（作者李苗菲）

图 2-53

涂鸦鱼

石种：灵璧纹石　尺寸：21cmx2cmx22cm

图 2-54

2–53），幼儿绘画的时候，没有明确的目的，随意涂鸦，但作品完成后，却有一些作品无意识间能形成一些图案。这幅画形成了一个鱼妈妈带领两个鱼宝宝的相似画面。即使不能形成有意义的图案，画面上无拘无束的曲线也是洒脱自如的，很有趣味。这种随意性与赏石的形成过程极为相似：赏石就是“造物主”无意识的涂鸦，有意义的被我们收藏，无意义或者我们没有发现意义的被丢弃。

对比一下图 2–54 所示这块石头，不注意观察，可能意识不到石头上纹饰的意义，觉得像少儿在白纸上随意乱画，在一角处重复画圈。无意识之后，您是否发现这是一个现实中没有标本的小胖鱼——有鱼的神韵，没有鱼的形体，没有哪一种类的鱼长成这个样子。

涂鸦期之后，幼儿会自觉地反复同一动作，在纸上画出形状各不相同的线。这些线或是自上而下、自左而右、长短不齐的重叠，或是大大小小、封口不封口的圆形，或是一组组的弧形、曲形等，显示出幼儿开始能够对手的动作有所控制，力求表现出来并获得满足。它孕育着幼儿的意念和追求。之后，幼儿在具体的画面位置上，能够朦胧地表现出与客观事物和自己经验间有联系的线。

儿童处于发育生长阶段，他们幼小的手缺少强劲的肌肉，没法很有控制力地去描绘对象。然而他们又力图控制自己，使笔下的线条自然形成一些有抑扬顿挫的偶然效果及独特的稚趣，讲神似不求形似，使人看后叹为观止。比如图 2-55 所示。在此阶段，儿童能根据不同的对象用不同的几何线来表现形体，画面中可同时并存两种或两种以上的合乎形体特征的规则线。如画圆圈，可代表皮球或太阳。

图 2-55　儿童作品（作者李苗菲）

下面这幅画是在西班牙北部史前人类居住的洞穴里发现的壁画（图 2-56）。

图 2-56

这是一条“鱼”（图 2-57），灵璧磬石。幼儿绘画开始的时候不是面面俱到的，像这块石头所表现的“鱼”就比较符合儿童象征期作品的特点。

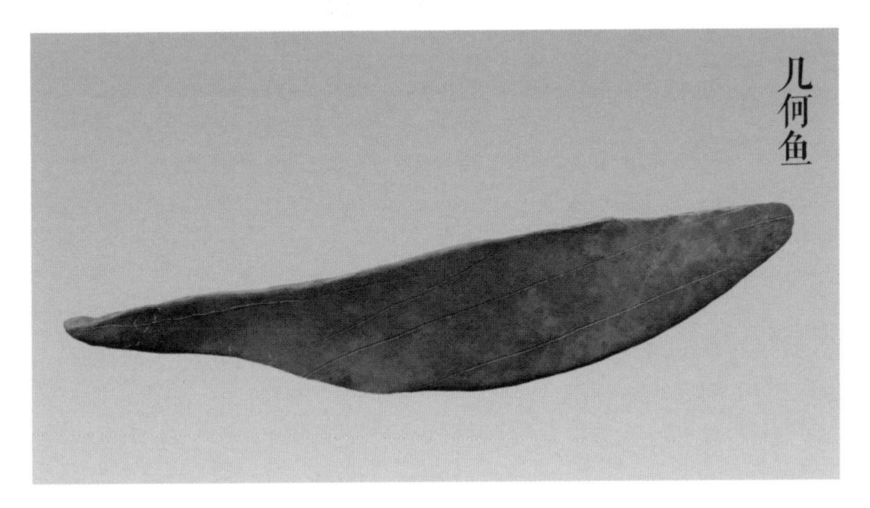

图 2-57　石种：灵璧磬石　尺寸：30cmx2cmx6cm

这条“鱼”（图 2-58）有进步，在“鱼”的身体上有意识地出现了几条线，已经开始意识到“鱼”身上的细部，但表现手段较为简单，一样很有趣味。

图 2-58　石种：灵璧磬石　尺寸：15cmx11cmx6cm

这条“鱼”（图 2-59），表现技巧又有进步，在眼睛的位置上戳个洞，已经开始有意识地接近所画对象的实体了。

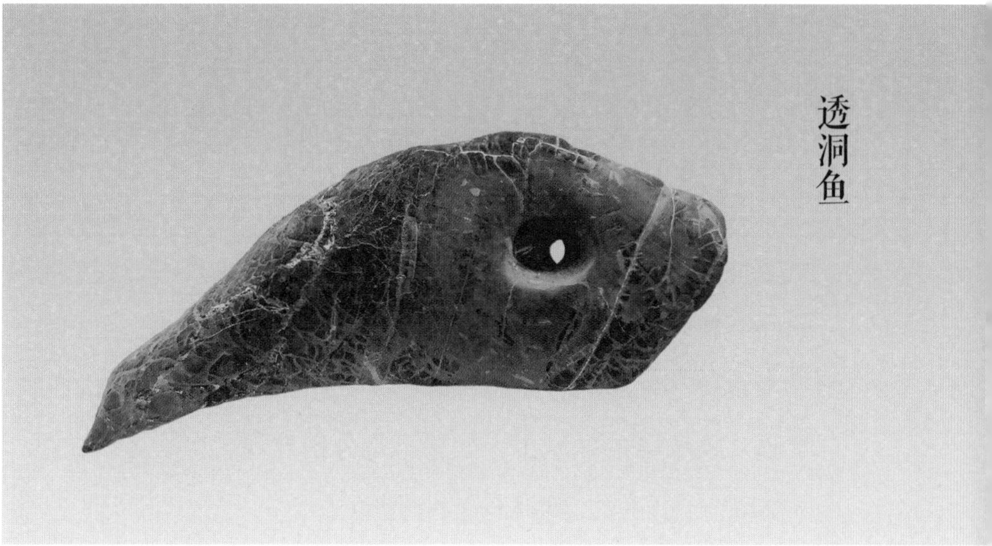

透洞鱼

图 2-59　石种：灵璧磬石　尺寸：18cmx8cmx8cm

这个形体复杂一些（图 2-60），更接近真实鱼的形状，而且开始有动感了，尾巴翘起也许是要表示鱼在游动；眼睛用珍珠表现，看似随意一抹，却趣味无穷。

图 2-60　石种：灵璧磬石　尺寸：30cmx7cmx9cm

以上四条“鱼”的形态，接近于儿童象征期绘画作品形态。大家注意了，这几条“鱼”除了显现类似绘画技巧方面的不断进步，恰巧表现了灵璧石最主要的几种表现形式（这个问题下一章讲述），加上前面那一条“鱼”，分别暗合了纹、沟、洞、珍珠。从收藏的角度讲，如果不是分别展现灵璧石各种技法，假如都是用的纹，就没有这种趣味。

形象期是指五至六七岁的幼儿已有了简单的构思、构图能力后，能有意识有目的地进行绘画，画出的形象也基本上符合绘画的基本原理，构图趋于合理，具有一定透视、明暗、色彩关系：这一时期幼儿已经能自由地选择绘画工具来表现不同的题材和内容，可以根据自己的意愿画出生动有趣的形象来。

这一阶段，幼儿能通过点、线、面的不同处理，运用构图、形、色表现一定的情节，表现的形象逐步生动准确，能够画出符合自己意愿的作品来。

下面这条“鱼”就从象征期跨越到了形象期。

这条“鱼”（图 2-61），一方面刻画得很精细，活灵活现，有少儿绘画的活泼，又有成人绘画的精准。

另外，在这幅“绘画”里，综合运用了纹路、沟壑、珍珠、空洞，几乎穷尽了灵璧石的所有表现技巧。这个问题在后面第四章第三节里再详细论述。

美是多元的，灵璧石的美也是多元的。广大石友在丰富自

图 2-61　石种：灵璧纹石　尺寸：9cmx3cmx5cm

图 2-62

己的审美实践、打开视野后，会豁然发现有更多的石头其实是很有意思的。

最后给大家看看毕加索的作品“大公鸡”（图 2-62）。

第三章

赏石常用的美学法则

西方艺术思想，存在着两种相反的倾向：1. 强调美在模仿，或逼真再现自然，即自然主义倾向；2. 强调美在线条、形体、色彩之组合和关系之中，即形式主义倾向。

现代抽象绘画，彻底去除了绘画中具有的再现性因素，极力使艺术家的主观因素渗透到他捕捉到的协调关系之中，从而使绘画形象成为一种主观化了的形式。只要艺术家主观上认可的，就可以在艺术中出现，而不管它在现实中是否存在。

造物主创造的世界是美的，一花一草，飞鸟走兽，还有万物的主宰——人，都被历代艺术家描绘、讴歌；造物主创造的

自然是美的，然而这不是美的全部；自然中不存在的，艺术家也可以创造出来，这就是抽象艺术，就是克莱夫·贝尔提出的“有意味的形式”的概念。

抽象石没有模仿自然物，没有主题，没有意义，只有形式美。那么，怎么样才算是形式美？

这里，我们试图找到形式美的一些法则。但是，由于美的概念过于复杂，我们找到的法则肯定是不全面的；同时，美的法则如何与欣赏实践相结合，还需要大家在理论与经验方面的积累。

形式美法则，是人们在创造美的形式中对美的形式规律的概括与总结。本章与大家一起讨论在赏石中经常可以用到的美学法则。

第一节

简约与变化

兼论“瘦透漏皱”等古典赏石理论

有关赏石方面的理论，古人留下的文字不是很多，最常提到的，影响最大的，就是据说是米芾提出来的“瘦透漏皱”。

“瘦”是什么？米开朗琪罗说过一句话：“雕塑就是把多余的部分去掉。”一个人体雕塑，要去掉的是什么？保留下来的是什么？去掉的是赘肉，保留的是肌肉与骨骼。保留肌肉与骨骼，意义何在？从肌肉与骨骼上面，我们看到的其实是力量；通过力量，我们看到的是思想与灵魂。一件人体雕塑，只剩下肌肉与骨骼后，叫什么？叫“瘦”。

大家注意，这里说的“瘦”，是艺术上的“瘦”，和我们生活中的“瘦”不一样。生活中的“瘦”，说这个人长得“瘦”，是相对于他生活的那个时代的大多数人，体重不足，长得单薄。艺术上的“瘦”不是这个意思，是和“精准”“简约”差不多的一个意思，指笔法或刀法精准老道，尽可能节省地用刀、笔和墨，尽可能减少实体的存在，以显现出力量与灵魂。可以说，艺术上的瘦是“和自己比”，不多余；生活中的瘦是“和别人比”，显单薄。

艺术不是现实的照搬。比如我们要雕塑一头猪，可以不要四肢，甚至不要内脏，主要看您要表现什么主题，去掉所有不必要的部分，精简到极致，这就是艺术上的“瘦”。

在赏石方面，一块石头不臃肿就叫“瘦”。一尊供石、园林石，尽管体量很大，但曲线优美，没有“多余”，就可以叫“瘦”。一块薄片子但线条不简洁的石头，依然不可以说“瘦”。郑板桥在谈自己画竹时说“冗繁削尽留清瘦”，也是这个意思。

在这个问题上，很多赏石大家也容易犯错误。比如有一本很有名气的书中，在谈到“青芝岫”这块名石（图 3-1）的时候，就说：“该石虽然‘瘦透漏皱’无一具有，但它清润的色泽和博大的形体，特别是它的典故依然博得皇室青睐。”显然，有很多石友是不认为这块石头“瘦”的。其实，这里还是混淆了生活中的“瘦”与艺术上的“瘦”。我们不能因为石头体量大就不叫“瘦”，小就叫“瘦”。有一个很简单的办法来说明这个道理：给您一把刀，您要是可以在它

图 3-1

上面继续雕刻，就说明这件艺术品还不“瘦”，不能再雕刻，就是“瘦”。

简约为什么美?

现代科技发展迅速，在设计方面，简约与满足功能是科学家在设计过程中的两条准绳。简约不是简单，在设计一台设备的时候，既要满足功能，又要强调结构和形式的美。大道至简。设计工作重在去粗取精，抓住要害和本质，剔除那些无效的、可有可无的、非本质的东西，以极度简洁的造型，在满足功能需求的前提下，将空间布置得精致合理。

现代医学通过解剖发现，我们人身上有很多器官，却没有一个是多余的，最健康的人，身上所有的尺寸比例合理、肌肉匀称。可以这么说，最健康的人是结构上最“简约”的人。

在艺术作品中，作品里的人物、花鸟、山水，只是艺术的表象，而真正要欣赏的，却是情绪、灵魂、思想。简约，就是“用最少的物象表达最丰富的内涵，让欣赏者用最直接的途径到达美”。大家也可以用这句话来理解米芾的“瘦”。简约为美，瘦为美。

透与漏，目前比较多的观点是，一个是横着的洞，一个是竖着的洞。我研究了半天，也没有更好的解释，只是觉得要是这样的话，用一个字概括不是更好吗?区分横着的洞与竖着的洞，好像不是很有必要。

“瘦透漏皱”的赏石理论是否由米芾首先提出来的？俞莹先生与宦振宏先生分别给出了否定的意见。坦率地讲，我是认可他们的意见的。不过，本书讨论的重点不在于这一赏石理论是谁首先提出来的，而是讨论这一理论于整个赏石理论大厦建设的意义，理出赏石理论的脉络来。为了不在此问题上纠结，本文采用大众普遍接受的说法作为论证本书观点的依据。

据《渔阳公石谱》记载：“元章（米芾，字元章）相石之法有四语焉，曰秀，曰瘦，曰绉（通皱），曰透。”

注意，这里有“瘦”“皱”“透”，没有“漏”。

元代孔齐所著《至正直记》，是一部见闻杂记，其中在谈到灵璧石的时候，有下面一段文字：灵璧石最为美玩，或小而奇峰列壑，可置几玩者尤好。其大则盈数尺，置之花园庭几之前，又是一段清致。谚云：“看灵璧石之法有三：曰瘦、曰绉、曰透。”

看到没，这里提到“瘦”“绉”“透”，也是没有“漏”。

明代林有麟所著《素园石谱》被公认为迄今传世最早、篇幅最宏大的一本画石谱录。其中“锦纹石”一章中有“两峰角立，一窍中‘通’，锦纹粲然，且‘瘦’且‘漏’……两峰角立，锦纹‘绉’”（单引号为本书作者添加）。注意，这里提出了“瘦”“皱”“漏”“通”，“通”与“透”相近，已经离“瘦”“皱”“漏”“透”不远了。

清代郑板桥在《板桥题画·石》一文中指出："米元章论石，曰瘦、曰绉、曰漏、曰透，可谓尽石之妙矣。"在郑板桥这里，"瘦""皱""漏""透"定稿。

由此可见，"瘦皱漏透"的相石法是中国古代文人自发发起、自发接力、自发完善的长达数百年的伟大赏石审美理论体系。（本节史料部分参考了宦振宏先生新浪博文《"瘦皱漏透"不是米芾提出来的》）

以上啰里啰唆说这些干啥？我不是想论证理论是谁提出来的，而是想说明，在宋代及之后相当长的时间里，大家比较接受的理论是"瘦皱透"而不是"瘦皱漏透"。

看到没，把洞区分成为横着的和竖着的，从审美上是没必要，在赏石理论发展的早期，也是没有这种提法的。您觉得奇怪不，不论是在艺术还是在哲学上，人类不一定都是后来居上的。

但是，包括灵璧石、太湖石在内的很多石种的石体上，除了常见有视线上"通透的洞"，还有一种"不通透的洞"。这种"不通透的洞"，可能是在石体内部曲折，视线上不通透；或者是没有贯穿的孔、空、坑、窝。区分横着的洞与竖着的洞没有意义，但是区分视线上"通透的洞"与"不通透的洞"，在审美上是有意义的（为什么有意义，后面讲到，这是变化，变化是美的原则之一）。我们是否可以约定：透，指的是视线上“通透的洞”，漏，指的是视线上“不通透的洞”？（本段文字中，“不通透的洞”，我的原文是没有贯穿的孔、空、坑、窝。在李彬先生的提示下，加上了“石体内部曲折”的文字。）

“瘦”“皱”“漏”“透”这几个字，开始说的时候，像我这样口齿不清不楚的人，是很拗口的，说多了，少一个字又觉得不习惯了。我们就不轻易变动祖宗留给我们的文化遗产了，而且是两个顶级书法家共同留下的。但是，我们可以发展其内涵。

皱呢？灵璧石体表上有纹路、珍珠、沟壑等，其他赏石平面往往也不是光滑的，皱应是指石头表皮上有变化。人脸上有皱不美，石头上光鲜不美。

为什么把透、漏、皱放在一起说？三个问题，用现代美学法则来概括，其实就是一个词：变化。

为什么这么说呢？

我们前面讲过，任何一门学科都需要多种假说，科学是建立在假设基础上的。艺术史把赏石作为自然物而非艺术品，但我们把造物主也作为艺术家，自然物为造物主的作品，赏石等自然物就可以按照艺术品赏析的理论去欣赏、分析其价值了。

艺术品的表现形式多种多样，有的在纸上作画，有的在丝绸上用针，有的在石头上雕刻，有的在美玉上雕琢；有的材质是瓷器，有的是紫砂，还有的是木材。我们在欣赏一种艺术形式的时候，往往会把材质和艺术表现结合在一起来欣赏，尤其中国人更注重这一点。一般优秀的艺术品，都会选择良好的材质作为载体，材质成为艺术表现的一个要素，材质成为艺术价值的重要组成部分。

玉器、瓷器、木材、紫砂、石头等，它们都有独特性，独特性又形成各自的美。丝绸的美在柔，石头的美在刚。我们在欣赏石头的时候，首先看到的是其材质。灵璧石的坚硬，质坚而致密，是灵璧磬石在众多赏石中脱颖而出的重要原因之一。赏石作为石头，首先要区别于木材、丝绸等。就是说，石头要“像石头”，要区别于其他东西，差异产生美感。一般地，石头的硬度都会成为赏石美的重要内容。只是如太湖石，因其不够坚硬才更容易形成更多孔洞。硬度与孔洞两者不可兼得，我们放弃对太湖石坚硬的苛求，是一种妥协，而不是审美标准的变化。

上面说赏石作为石头，要区别于其他材质，要“像石头”，要展现石头“独特的美”，石头的美在于“质坚而致密”。一般来讲，符合上述条件的石头看上去就是美的。广大石友在醉心于灵璧磬石的石皮、声音、颜色的时候，其实迷恋的是石头的“质”——质为里，皮、音、色为表现。

其次，赏石的美还要区别于一般的石头，区别于同类中芸芸众石。

一般的石头什么样子？通俗地说，就是“没形”。我们经常看到的石头，在山脚下，在建筑物边，作为建筑材料被任意切割，本身没有什么能够给人带来愉悦的形状。我们看到的灵璧石，其实是从众多灵璧石中，在发掘者的辛苦劳作后挑选出来的，也就是说，没有我们欣赏的形状，或者形状不够好，才是石头中的大多数。区别于众多没有好形状（没有我们欣赏的形状，或者形状不够好）的石头，有好形状的石头才能成为赏石。我们假设所有的灵璧石都状如动物，唯有一块没有我们现在欣赏的形状的，那个时候，这块“最没有形状”的石头反倒是宝贝了。因此，欣赏赏石的第二个原则就是该石头能够区别于一般的石头。一般说来，就是有不同于一般石头形状的石头，要“不像石头”，准确地说“不像一般的石头”，是不一般的石头。

以上两点，可以说是两点，也可以说是一点：不管是区别于其他，还是区别于同类，不管是“像石头”，还是“不像石头”，归结为一点，就是一个字：变。而这个“变”，是美的最基本原则之一。掌握了这一基本原则，在各类艺术品类的欣赏中就可以灵活应用了。纵观整个艺术史，每一个阶段都是对过往的反动，都是在前一个阶段上的变化与提升；横看整个艺术界，每一种艺术形式之所以能够存在，就是因为它们各不相同。

现在艺术圈的江湖上，很多大师对这一原则好像理解很深，都在强调自己与众不同，至少发型与众不同。我的发型也与众不同，那是脱发，没办法。

在生活中，女人之所以被认为美，是不同于男人。有一些女孩子有男孩子气质也很美，但有男孩子气质的女孩子，首先要像个女孩子，要是长得体壮如牛，并不会被认为美；在具有女孩子生理特征的前提下，有一些男孩子的顽皮才会好。就是说，她要首先区别于男人，然后再区别于大多数女人。

“变化”这一原则，应用到灵璧磬石的欣赏上，就是我们前面总结的，要石质坚硬、叩之有声、石皮厚重；石体要有好的形状，有洞、有纹、有珍珠、有沟壑、有变化。第一个“变”，要求石头要“像石头”；第二个“变”，要求石头要“不像石头”。

变化，是所有艺术形式存在的基础，是所有艺术品价值的基础。赏石也不例外，在此基础之上，我们才能谈及其他。

变化产生美。我们见到的更多的石头，是一个厚重的实体，没有纹路、珍珠、沟壑，就是没有“皱”；没有洞与窝，就是没有透和漏。

所以，说了几百年的“瘦透漏皱”，用现代美学法则来归纳，就是四个字：“简约”与“变化”。“瘦”是简约，“透漏皱”是变化。但这不是赏石法则的全部，下面还会说到其他。

米芾与苏东坡是同时代的人，苏东坡年长于米芾，据说两人还有交往。两人见面后有没有各自吹嘘一下自己的石头，不知道。米芾提出的“瘦透漏皱”，苏东坡提出的“文而丑”，是赏石理论的两座灯塔，照亮其后一千年。

苏东坡在徐州任知府的时候，曾经题赞友人《梅竹石》：“梅寒而秀，竹瘦而寿，石文而丑，是为三益之友。”如何理解这里的“文而丑”？

后人解读“文而丑”的文章很多，我就不列举了。我觉得没必要过度解读，大道至简，越是深刻的道理，越显得直白。“文”，就是文气。中国画有文人画与匠人画之分，石头当然也有俗与文之分。各代对“丑”的解读更多，我们想理解苏东

图 3-2

坡的“丑”到底是什么意思，不妨看看他那幅著名的《枯木怪石图》（图 3-2）。

这幅画里的石头丑吗？丑，连树都那么丑。然而，艺术家就是用这样的怪石、枯木来突出苍凉、崎岖和不落凡尘的艺术境界，这不是花红柳绿的青春美，而是带有西风古道意味的沧桑美。青春易逝，而沧桑就是地老天荒，就是永恒长久。苏东坡的“丑”，不是与美相对，而是与美相生，丑是沧桑美，是恒久美，是美的一种表达。历经沧桑的苏东坡，内心深处更感孤寂，他需要的是这种“丑的美”。因此，丑不是一般的美，套用我们正在论述的美学法则，丑是区别于常见美的美，是“变化”了的美。老子说的“大直若屈，大巧若拙，大辩若讷”，大致也是这种意思。

说到这个问题的时候，有些人故作高深地说“丑到极致就是美到极致”。您不问他不解释，我不理解，也不敢问，一问就暴露出自己的无知了。但是我心里对此是反抗拒绝的。从明天开始，我不洗澡不理发，一年后就变帅了？我可没有勇气试一下。

我认为，沿着丑一直走下去，还是丑。中国文人说的石“丑”，不是丑，也不是极致的丑，而是一种沧桑美，一种不落凡尘的美、变化了的美。

一种审美理念之所以能得以传播，往往还不止是因为提出者意境高远，更多的是在于让更多的人产生了共鸣。苏东坡的审美理念普遍被古代人接受，却不被现代人理解。我们在看古代赏石的时候，很多人摸不着头脑，觉得古石一块块并不怎么美。我想，这是因为现代人从处世哲学到审美观念，和古代人已经有了很大的不同。

老子“上善若水，水善利万物而不争”的理念影响着一代代中国人。我们看到古代中国人不像现在中国人这样凡事好争，不知道谦让。“不争百花之艳，不夺松柏之劲”，成为中国古代文人赏石独有的情趣。

其实，“丑”并不是苏东坡第一个提出来的，白居易即有“苍然两片石，厥状怪且丑。俗用无所堪，时人嫌不取”的诗句。

前面讲过，“丑”不是与“美”相对，而是相生，“丑”是中国文人赏石审美的价值取向，“丑”往往从另一个角度来说意味着“美”。而“以丑为美”赏石理论的确立，不是始于苏东坡，而是始于白居易。

还有，几百年的赏石理论界很少关注白居易同时提出的另一个字：“怪”。前面讲过，中国文人审美一直有“重意轻形”的传统（请参阅本书第一章第二节）。这个“怪”，因被大家认为属于形的范畴而不被重视。而我们在前面讲过，奇与美是赏石的两个主要价值构成要素（本书第一章第一节）。“怪”亦是“奇”；“丑”亦是“美”——白居易的“怪且丑”，不就是我们前面说的“奇与美”吗？

“奇”是形象，“丑”是精神；“奇”是形而下，“丑”是形而上，“怪且丑”，亦是“奇与美”，就是赏石理论大厦缺一不可的两根柱子。乖乖，不对，祖宗啊，白居易的“怪且丑”才是中国赏石理论大厦的根基。至此，各位是否恍然大悟，如果要确认一个祖师爷，赏石界的祖师爷不是米芾，而是白居易。

况且，白居易于会昌三年所作的《太湖石记》，是中国赏石文化史上第一篇有关赏石收藏、鉴赏方面的文章，注意是第一，不是之一，这是中国赏石文化史中一篇极其重要的文献。

当代赏石界，有一种比较流行的理论，就是“质形皮色”，或者“质形纹色”等，这一理论的源头可以追溯到柳宗元的《与卫淮南石琴荐启》。这篇文章的本意不是论述赏石，但这位赏石大家在其中讲到“右件琴荐，躬往采获，稍以珍奇，特表殊形，自然古色”，提到柳州当地石头的“形、皮、色”等。

不过，“质形色声”等提法只是对实务有一定的用途，它告诉您看石头要看哪些方面，对赏石理论建设却没有太大意义，没有把审美引向深入。

总结一下，白居易的“怪而丑”，其实就是本书前面提到的“奇与美”，是赏石理论大厦的基石，米芾、林有麟、郑板桥的“瘦透漏皱”重于形，苏东坡的“文而丑”在精神，柳宗元及当代的“质形皮色”像产品使用说明书，告诉您注意事项。这些，共同构筑起中国赏石的理论大厦。谁说玩石头的人没文化，看看这豪华阵容！这些还只是对理论建设做出过重大贡献的文人，那些只知道自个儿高兴玩，没有为后人留下文字的文人就更多了。不过，这不是本书要叙述的。

我们回到赏石美学原则的论述上来：白居易的“怪而丑”

石种：灵璧磬石
尺寸：21cmx2cmx25cm

图 3-3

石种：灵璧磬石　尺寸：190cmx136cmx88cm

图 3–4

讲的是“变化”；苏东坡的“文而丑”讲的是“变化”；米芾的“瘦透漏皱”复杂一些，包含了“简约”与“变化”。明白了不，我们绕了很大一个圈子，还是绕回来了。

图 3–3 所展示的石板，用了最简捷的表达手法，在上部戳了两个洞，加上外围轮廓配合，就是一只鳖的形象。左下角不经意地再戳一个洞，让整个鳖的形象不那么沉闷。艺术一定不要完全等同于现实，变化才有韵味。

这块小石头很好地诠释了“简约与变化”。

灵璧石不以孔洞见长，“通灵禅韵”这块石头（图 3–4），形状安稳，却孔洞灵秀，在灵璧石中实在难得，是展现灵璧石孔洞最杰出的代表石，把灵璧石的简约与变化演绎得魔幻一般。

第二节
对称与均衡

对称是同形同量的形态，如果用直线把画面空间分为相等的两部分，它们之间不仅质量相同，而且距离相等。对称的构成能表达秩序、安静和稳定、庄重与威严等心理感觉，并能给人以美感。

均衡是同量不同形的形态，在特定空间范围内，形式诸要素之间保持视觉上力的平衡关系。构图上通常以视觉中心为支点，各构成要素以此支点保持视觉意义上的力度平衡。

赏石中完全对称的形体比较少见，均衡美应是寻求的目标。

这只“对称鸟”（图 3–5），几乎是对称的，正着放是小鸟，反过来放还是小鸟，大家可以把书倒过来看看。如此对称的灵璧石几乎没有，另外它有比较好的纹。

“华盖星”（图 3–6）这块石头，曲线流畅，很美；也是我所见到的大体量石头中最能展现均衡美的一块石头。石头高近三米，威武挺拔，直插天空，柱子笔直，顶端云头如盖，右微倾，左边上中下三处点缀，变化中形成均衡。大家注意看，如果没有左边三个点缀，均衡顿失；云头向雨脚转化处，不在一个轴线上，这样处理，除了显示变化之美和不呆板，也是对云头偏右的呼应，以达到平衡。

把“华盖星”与“冠云峰”（图 3–7）对比一下。“冠云峰”与前面出现过的“青芝岫”，是我最喜欢的两块古石。

有一些东西，自然界中的样子就是对称的，象形石头也是对称的，比如“合蚌”（图 3–8）。

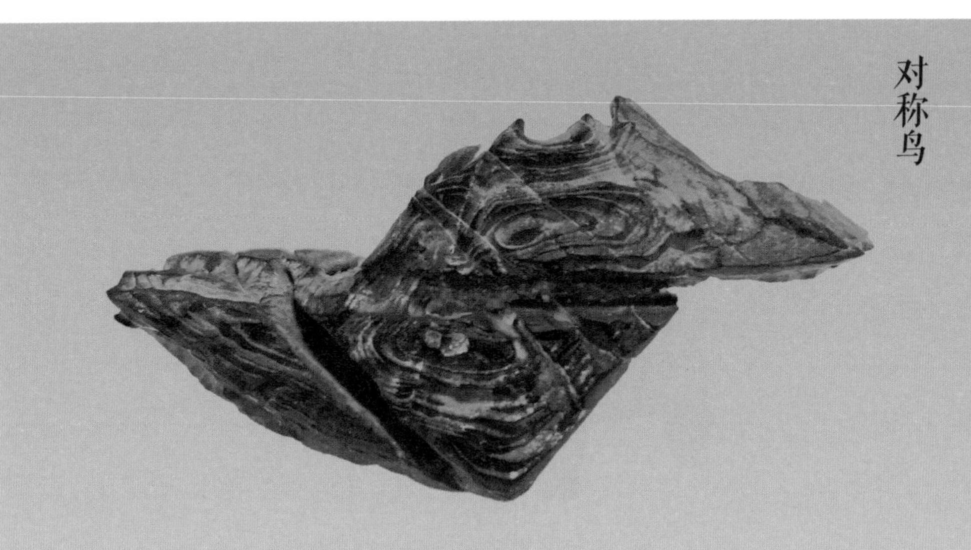

对称鸟

石种：灵璧纹石　尺寸：8cmx3cmx4cm

图 3–5

华盖星

石种：灵璧磬石　尺寸：158cmx100cmx280cm

图 3-6

图 3-7

石种：吕梁石　尺寸：10cmx12cmx10cm

图 3-8

第三节
比例与尺度

比例是部分与部分或部分与整体之间的数量关系。恰当的比例有一种谐调的美感，比如最常提到的黄金分割。

尺度是我们所观察物的整体或局部与人或人熟悉的物体之间的比例关系，这种关系的变化能给人不同的感受。

古希腊哲学家普罗塔哥拉（Protagoras，前 481—约前 411）说过“人是万物的尺度”。

我们在欣赏奇石的时候，是以人类自我为中心的。由于受到居住等环境的限制，我们接受了“小中见大”这样的理念，可以把一座“山”放在案头，也可以把“大象”玩于掌中。但是，尺度的大小是可以带来不同的艺术效果的。比如本书中收录的“莲藕”（图 3–9）、“司南”（图 3–10）等，体量比较小，如果石头个头太大，就没有小石头感觉美，因为它突破了我们内心的尺度。我们所熟悉的具象石是这样，抽象石也存在这个问题，比如“月落连坪”（图 3–11），体量非常大，身临其境，您会被它的壮观震撼，如果把它的体量缩小，就没有这样的壮观美了。

图3-9　石种：灵璧磬石　尺寸：20cmx4cmx6cm

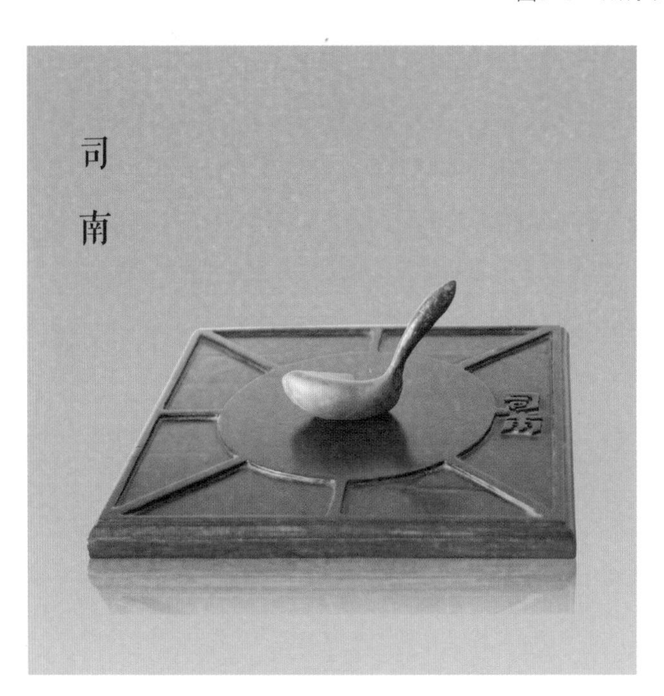

图 3-10　石种：吕梁石　尺寸：10cmx2.5cmx4cm

月落连坪

石种：灵璧磬石　尺寸：390cmx160cmx126cm

图 3-11

再看看“华盖星”（图3–6，第100页），整块石头非常均衡，由上面的“云头”向下面的“雨脚”转化处，偏于上部，处在黄金分割点上。各位看看，这个点如果向上移动，下面的柱子就会呆板，上面的云头就会局促；这个点如果向下移动，整块石头就会让人觉得压抑。这就体现了比例恰当的重要性。

第四节
对比与和谐

把反差明显的两个或多个视觉要素配列于一起，能使人产生鲜明强烈的感触，但仍具有统一感的现象称为对比。对比能使视觉效果更加活跃。

和谐是使各个部分或因素之间相互协调。

对比与和谐反映了矛盾的两种状态。对比是指在差异中趋于对立，和谐是指在差异中趋于一致。如“天门圣境”（图3–12）这块石头，左边空灵，右边厚重，形成强烈的对比，壮观的体量中，整体布局匀称，没有多余之处，非常和谐。一般来说，空灵部分所占空间会大于厚重部分，才不显得失重。

“未画完的鱼”（图3–13），这块小石头特别有意思。头部用纹路表现，而且非常细腻；身体只画了个轮廓就放那里

天门圣境

石种：灵璧磬石　尺寸：170cmx86cmx280cm

图 3-12

未画完的鱼

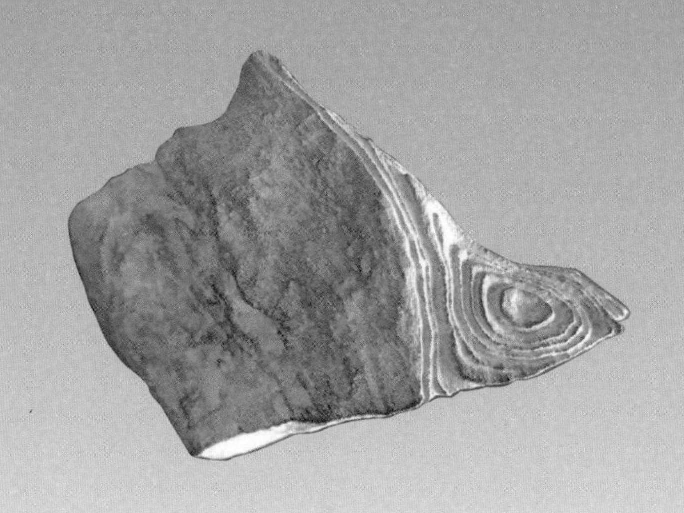

图 3-13　石种：灵璧纹石　尺寸：12cmx2cmx10cm

了。整个画面造成强烈的对比，给人留下丰富的想象空间。

下面这个（图 3-14），左边似足印及下面泥黄的两层，依附于磬石表面；右边磬石表面上下几笔纹路浅画。左右对比中形成一种非常有意味的形式。

图 3-14　石种：灵璧彩石　尺寸：35cmx5cmx35cm

第五节
夸张与简略

夸张，是为了达到某种表达效果的需要，对事物的形象、特征等方面着意夸大或缩小的艺术手段。一切艺术都会有一定程度的夸张。夸张的作用在于它可以突出某一事物或某一形象的特征，更深刻而又更单纯地揭示事物的本质，使艺术形象更加鲜明。

简略不同于中国画的简笔。简笔，是指用尽可能少的笔墨，描绘出尽可能丰富的含义；简略，是指直接略去艺术形象的一部分，使艺术形象看起来不完整，但欣赏者在观看时并不觉得不妥，反倒使艺术表现直达艺术家要表达的主题，使艺术形象更加突出。前文中讲过，著名雕塑作品维纳斯断残了双臂，在很多观赏者眼中却是完美的化身，接上双臂反倒觉得累赘。

前面讲过，造物主不是敬业的雕塑家，他没有像我们人类大多数雕塑家那样，把想加的都加上，想减的都减去。他的灵璧石作品，一般都是“未完成的作品”——有的象形石不够完整，比如乌龟没有四肢、猪没有尾巴等。

看看“丰乳肥臀”这匹马（图 3–15）。这块石头的造型就极为夸张，从名字上就可以看出石头的特点，除了“丰”和“肥”的两部位，其他部位都小得夸张，头部就一薄片，尾巴直接给省了。这块石头，集夸张与简略于一体，艺术表现张力极强。

图 3-15　石种：灵璧磬石　尺寸：276cmx60cmx155cm

第六节
天然与人为

绘画史上，有这样一个十分有趣的故事：古希腊两个画家在比画，一个画了一个男孩捧着葡萄，由于画得实在太像，竟引来一群小鸟争着啄食；另一个画家的画作挡在一副帘子后面。画葡萄的画家得意洋洋，说："把你的帘子掀开，看看我们谁画得更好。"另一个画家哈哈大笑："我画的就是帘子啊。"

艺术一直在模仿自然，我们也一度把“画得像”作为评判画作的标准之一。优秀的艺术，不仅在视觉上要接近自然，画得像，而且在技法上不生硬、不做作，要浑然天成。“画得像”与“技法天成”，这两种“自然”属于艺术上的高境界。

相对的，自然物呢？

请大家看一块石头（图 3-16）。石头高 4cm，直径 12.9cm。石头上部为一规整的圆盘，下部三足沿边缘均匀分布。石质致密，音色清越，属于灵璧磬石。该石因与天坛中心之天心石形制相类，得名“天心石”。

经过三十多年的挖掘，大家都发现非常规整如方如圆的灵璧石特别稀少，能形成一个标准的圆已经是万里挑一了。不可思议的是，它不止于此，它的下面三足完全对称、形状完全相同。圆面之上，两足等分处略微隆起，似有涵义万千。

规整（几何形状）的灵璧石稀少，完全规整的灵璧石几无可能。为什么？放下灵璧石暂且不谈，我们看看自然界中的万物。只要不是人工制造的器物，基本上是看不到完全规整的东西的。为什么？

自然界中万物的生成都是“果”，“果”必有“因”。万物的形成是各种物质相互作用的结果。比如我们扬起一锹泥沙，然后任其落下，再把在地上形成的土堆分开成为若干小个体。每一个体，在形成的过程中，都要受到风吹的力度、扬起的高

石种：灵璧磬石　尺寸：12.9cmx12.9cmx4cm

图 3-16

度、地面原有形状的影响，还要受到泥沙之间相互作用的影响。也就是说，每一个土堆在最初的形成过程中已经受到了外力的作用，“最初”已经不是最初了。

为什么人类建造的东西多是规整的，而自然界中的物质几乎看不到完全规整的呢?

对于人类建造的东西为什么多是规整的，木匠可以告诉您，人类依赖于工具，规整的东西容易被工具制造出来，用工具做出一个不规整的东西反倒难了。那自然界中的物质为什么又几乎看不到完全规整的呢？“造物主”不用工具，自然造物就像扬起泥沙，落下后就是不规整的。

灵璧石中，按形成难易度，依次应该是：第一难度，规整的，尤其是二次规整的。像“天心石”，圆本身已经规整，腿又完全同形、对称，我把这种情况称为“二次规整”。“天心石”是我所见过的灵璧石中形成难度最大的一块石头。本书中，具有“二次规整”特点的还有下面“几何乌龟”（图 3–17）这块石头。形状成为圆圈的石头中，它不是最好的，但突出的那种曲线非常优美，整体像儿童画的乌龟一个样，很有趣味。但“几何乌龟”跟“天心石”比，无论是规整程度，还是形成难度（“天心石”可是三条腿同形），都比不上。

第二难度，像器物的石头。因为器物本身是用工具做出来的，可以说是半规整的。本书中展示如器物的石头有“面包”（图

图 3-17　石种：灵璧磬石　尺寸：22cmx4cmx22cm

3-18）、“眼镜”（图 3-19）、“锦绣平铺”（图 3-20）、“阿房遗宝”（图 3-21）、“绢缸”（图 3-22）、石床（图 3-23）等。

第三难度，像自然物的，包括动物、植物、山体等，就是

图 3-18　石种：灵璧磬石　尺寸：15cmx11cmx6cm

眼镜

石种：灵璧磬石　尺寸：15cmx6cmx6cm

图 3-19

锦绣平铺

石种：灵璧纹石　尺寸：63cmx22cmx9cm

图 3-20

阿房遗宝

石种：灵璧纹石　尺寸：25cmx17cmx7cm

图 3-21

绢缸

石种：灵璧磬石　尺寸：50cmx35cmx73cm

图 3-22

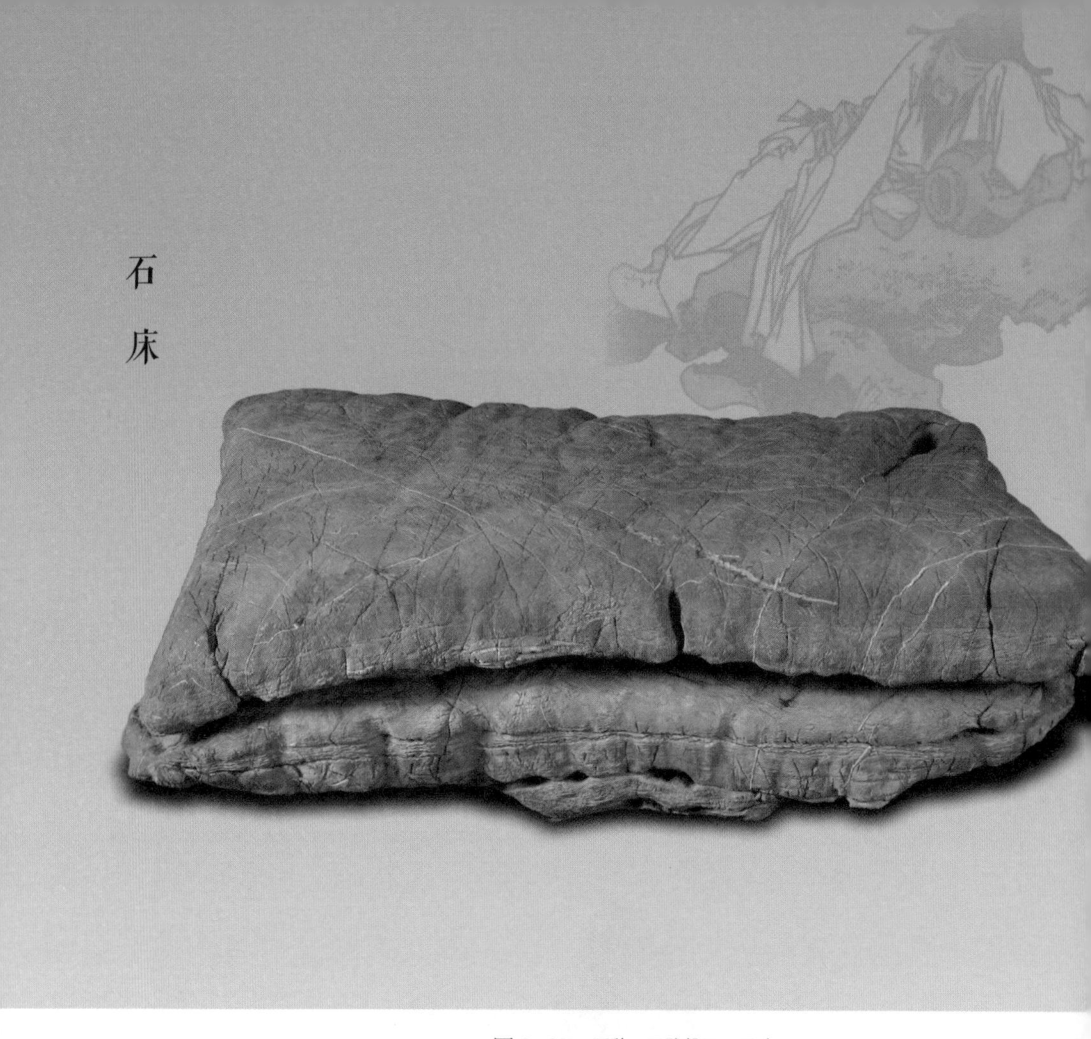

图 3-23　石种：灵璧磬石　尺寸：180cmx100cmx60cm

前文中说的具象石与意象石。

第四难度，以上三种之外的，就是供石、园林石之类的。

形成难度梯队并不是赏石价值梯队，还要考虑其他因素，比如艺术价值，尤其是第四梯队中的供石，数量最多，但出好形状难，符合本书所述美学原则的少，艺术价值高的很少。

人为（艺术）模仿自然不容易，一个有天赋的人需要经过持久的训练才能成为艺术家；自然（赏石）模仿人为更难，那些看起来像是人为的赏石非常稀少。

本书所谓的天然，是指随机出现的东西；人为，是指用工具制造出来的相对规整的东西。这种规整，包括整体规整与局部规整。整体规整，就是整体形状呈现为方、圆、三角等几何形状的物体；局部规整，就是像我们平时用的一些器具，尽管整体上不一定规整，但它们是用模具或工具制造出来的，器物上的线与面是规整的。

按照这种约定，并不是只有整体形状规整的，如“天心石”一样的赏石，才接近人为，也不是只有如“石床”等像器物的石头才称得上规整，有极个别的灵璧石，表面的纹路、沟壑等也似属规整，初看如人为。

我有一位石友，他开车技术很好。有时候一起下乡去收集石头，到了农村，经常会有人说我这位石友当过兵而我没有当过兵。我就问那些人是怎么看出来的，那些人说我们两个人走路的姿势不一样。

是的，一个在部队当过几年兵的人，由于经过专门的训练，他走路的姿势标准化了,教官的口令就是规范他走路姿势的“模具”，他走路的姿势是“工具做出来的”，而我们是随意的。他们的步伐是“人为的”，我们的是“自然的”。

一些有经验的家具收藏者，在距离很远的地方，就可以辨认出家具是人工做的还是机械做的。他们说机械做出来的东西僵硬。机械相对于人工是规整（僵硬）的，人工相对于自然是规整的。把话反过来说，相对于人工做出来的东西，机械做出来的东西规整，相对于自然的东西，人工做出来的东西也规整。

现在有一些石友用工具做出来一些纹石。我们不能说这样一定不好，如果是做一些工艺品，在卖的时候，给没有经验的买家说清楚，也不是不可以。但对于比较有经验的收藏者，比如我，呵呵，就很容易分辨出来。您要问是怎么看出来的，您得到的答案是人做出来的纹路僵硬。

假如，有一些石头看起来像人工做出来的，而实际上确实是天然的，那就赶快买回家吧。

第二章第四节出现的那条“小鱼”（图 2–58，第 74 页），像儿童画。“鱼”身上有三条稚嫩的线（浅沟），线条很像有人用刀生硬刻上去的，像是人工做的，其实却属于天然现象。

我还想再给大家找几个例子，有几块这类石头，但由于没有亲自看过实物，不敢乱讲话。这一类石头，非常稀少，找几个例子不是很容易。

第七节
联想与合目的性

联想是一种思维方式，是人在头脑里对表象（包括本书中的具象、意象和抽象）进行加工改造，形成新认识的心理过程。联想是思维的延伸，它由一种事物延伸到另外一种事物上。各种视觉形象及其要素都会产生不同的联想与意境。

在联想过程中，存在着审美主体与客体，比如，人是主体，石头是客体。联想的结果，取决于主体与客体。审美主体，个体人并不都是审美主体，只有当他具有一定审美能力并从事审美实践活动，才能成为审美主体。同样一块石头，从没有接触过石头的人和一个长期接触石头的人感受不一样，不同美学素养的人感受也不一样。

通过联想，能够指向美与善，或者说联想合目的性的石头，会受到人们的喜爱。

关于主体，不是本书论述的重点。我们下面说说关于审美客体经常有联想的两种审美倾向：禅与善。

禅，本是佛教语言，汉语据原语言音译为“禅那”或“禅”。

相传有一天，佛陀在灵山会上，登座拈起一朵花展示大众，当时众人都不明所以，只有大迦叶微笑了一下，佛陀当时就说："吾有正法眼藏，涅槃妙心，实相无相，微妙法门，付嘱摩诃迦叶。"禅宗就这样开始传承下来。

"不立文字，教外别传。"从字面上来看是指不用文字的形式来传承教义。千百年来佛教典藏浩如烟海，大师大和尚著述如山之高，但这累累书山首先为人们划定了范围，限制了人们的思维，阻碍众人以自身理解去对应教旨中传述的先验，而失去对自性的觉悟。文字中的虚幻与局限，无法全面揭示自性的发展。真正的要旨实相，并不执着于文字。无法用文字形容解释的禅才属于大智慧。

禅的境界是"言语道断，心行处灭"。人类创造了语言文字表达思想，然而语言文字远没有思想那么丰富。如果说禅，即用文字，用语言，是不能准确表达禅境之丰富的。

思维与存在的关系，是哲学永恒的话题。哲学家卡尔波夫把存在理解为三个世界：物理自然世界、人的精神世界、语言文化世界。这样就好理解了。语言是人类最重要的交流工具，语言是人们交流思想的媒介。但是，语言有其局限性，用语言无法完整地表达人的精神世界和物理自然世界。

还有，艺术审美不能脱离主客体的存在。面对同样一块石头，由于欣赏者积累的知识、经验不同，他们的审美体验是不一样的。

对于那些意蕴丰富的石头，我们无法用语言与文字准确诠释其意涵。对于这样的石头，一般就称其为禅石。

说到禅石，注意不要把禅石扩大化。要剔除两类伪禅石：一是像和尚、观音一类的象形石，它们是和宗教有关的象形石，但不是禅石。还有，一块石板，一个圆蛋子，没有丝毫的变化，像一张白纸，这也不是禅石。佛说“万有皆空，空含万有”。禅，既“空”，也“万有”。但“空”是“万有之空”，而不是一张白纸。

下面说禅石的命名与配座。

我认为对禅石最好不要给其取名字。我们之所以要给石头命名，最主要的是想点题，这里的题是主题的题。我们有一种冲动，就是想把自己对石头的理解传递给他人；但是，您会发现，您取任何一个名字，都不能完整概括它的意蕴，如同前面说过的禅意，这正是禅石的魅力所在。在奇石欣赏方面，不同的人会有不同的联想，您取的名字，既不能完整表达您的思想，也会限制别人的想象，所以，对禅石最好不取名字。没有名字，怎么区分？我们可以像现代抽象画一样，用“无题”等来命名。但都用“无题”命名还是无法区分，也可以继续学习抽象艺术家们的做法，比如用发现石头的日期给石头命名，甚至随便找一个无意义的数字、字母给石头命名等，都是可以的。

石头的配座，最好简单，不要试图点题，以免画地为牢。

不光是禅石，一切赏石的底座都要简单，要让其他人不受干扰地赏石。注意，要有助于其他人欣赏石头，要把石头作为独立艺术品去欣赏，而不是把石头当成整个艺术品（包括底座）的一部分，要对石头有信心，底座在赏石过程中最好扮演安静的角色。要包容、欣赏赏石的残缺，即使石头存在不足，存在缺憾，但这是大自然的造化，惊奇与缺憾，正是赏石的魅力，左右着石友的喜怒哀乐，使人欲罢不能。

本书中展示的“非象”（图 3-24）、“空”（图 3-25）、“1990”（图 3-26）、“无题”（图 3-27）、“永恒”（图 3-28）等，都是很好的禅石。只是，我也没能把持住，还是给其中的几块禅石命了名。

按照前面的论述，有完美的外形，丰富的内涵，其实灵璧石中能称得上禅石的应该非常少。事实上，禅石的形成，远比具象石要难得多。

“无题”这块石头，石质石皮非常漂亮，是灵璧磬石的典型代表。其形状好像大地张开一个大口，上面似荒原之上残埂败落，我看到的是震撼、无常、永恒与空幻。

这就是欣赏禅石、抽象石的境界，它似乎胸怀万千，然后又平淡似水，最后是空空如也。

善，是人们在与具体事物接触，受到具体事物影响和作用的过程中，判明具体事物的运动、行为和存在符合自己的意愿

非象

石种：灵璧莲花石　尺寸：150cmx90cmx90cm

图 3-24

空

石种：灵璧磬石　尺寸：115cmx115cmx40cm

图 3-25

1990

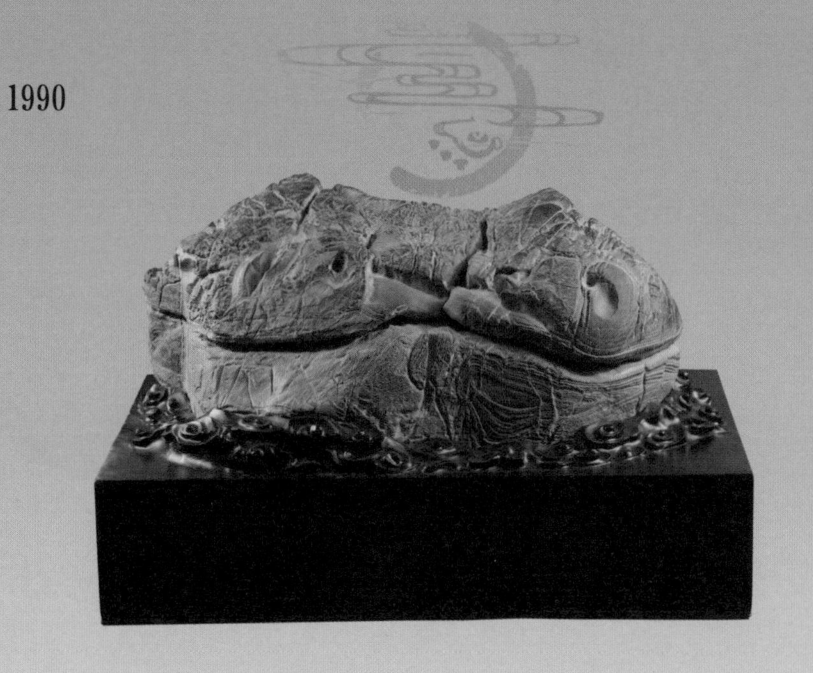

石种：灵璧纹石　尺寸：53cmx31cmx24cm

图 3-26

无
题

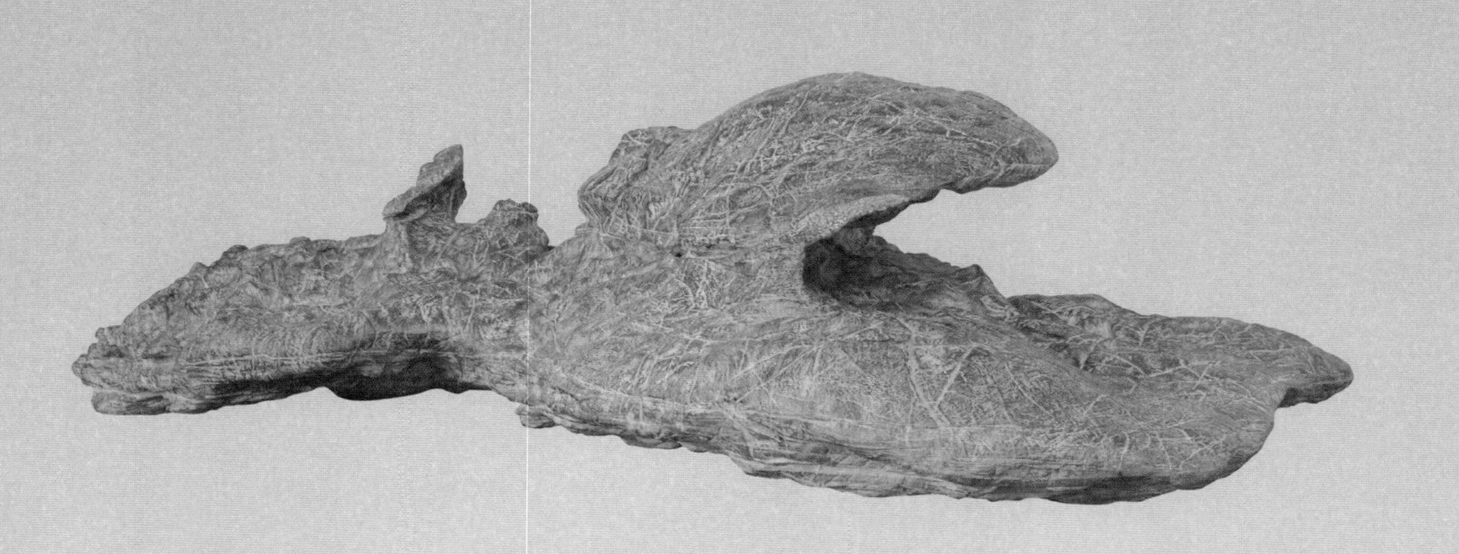

石种：灵璧磬石　尺寸：193cmx80cmx52cm

图 3-27

永恒

石种：灵璧磬石　尺寸：160cmx150cmx120cm

图 3-28

和意向，满足了自己的生理和心理需要，产生了满意的感觉后，从具体事物中分解和抽取出来的概念。

每一个民族，每一方地域，都有自己的文明。五千年的中华文明，留下太多的文化记忆。有一些文字与符号，能够给我们带来美好的联系。比如龙，能给人以富贵、避灾、祈福的联想；乌龟，能给人以长寿的联想，像王八的也都假装自己像乌龟；元宝，能给人以发财、致富的联想，等等。在中国古典家具、剪纸、石雕等器物上，寄托着中国人最美好的想象。

下面这两组石头，分别取名为“福禄寿喜”和“衣食住行”。

第一组选用了磬石“福田”（石头为文字石“田”，图3−29−1）；纹石“汉宫舞韵”（象形石，如官袍加身的舞者，

图 3-29-1　石种：灵璧磬石　尺寸：46cmx20cmx46cm

福田

龟山

图 3-29-2　石种：灵璧蛐蟮石　尺寸：22cmx16cmx26cm

图 4-1，第 157 页）；蛐蟮石“龟山”（石形似龟似山，图 3-29-2）；灵璧杂石“观音送子”（远山之上，观音怀抱童子，图 2-11，第 32 页）。

第二组选用的是彩石“蚕”（图 2-24，第 40 页）；吕梁石“司南”（吕梁石中象形石比较稀少，图 3-10，第 104 页）；纹石“阿房遗宝”（似砖头，图 3-21，第 117 页）；吕梁石“乘风破浪”（图 2-8，第 30 页）。

两组石头传递出中国人才能理解的美好愿望。

很多收藏者喜欢收藏和自己属相相同的生肖石，也是一种心灵的寄托、对善的向往。

讨论完了本章赏石的美学法则，之后我们欣赏一些灵璧石中的供石、禅石等抽象石吧。

图 3-30　石种：吕梁石　尺寸：62cmx42cmx46cm

混沌初开

石种：灵璧磬石　尺寸：53cmx35cmx44cm

图 3-31

藏宝

石种：灵璧磬石　尺寸：42cmx22cmx22cm

图 3-32

图 3-33　石种：灵璧磬石　尺寸：36cmx26cmx66cm

图 3-34　石种：灵璧磬石　尺寸：80cmx60cmx140cm

云霄仙姿

石种：灵璧磬石　尺寸：90cmx40cmx120cm

图 3-35

云峰绘月

石种：灵璧磬石　尺寸：80cmx70cmx90cm

图 3-36

望云揽月

石种：灵璧磬石　尺寸：100cmx50cmx200cm

图 3-37

瑞满寰中

石种：灵璧磬石　尺寸：210cmx100cmx90cm

图 3-38

琅嬛福地

石种：灵璧磬石　尺寸：120cmx70cmx50cm

图 3-39

故垒一隅

石种：灵璧磬石　尺寸：130cmx70cmx50cm

图 3-40

惠风和畅

石种：灵璧磬石　尺寸：150cmx130cmx60cm

图 3-41

第四章

灵璧石的形成及主要艺术表现形式

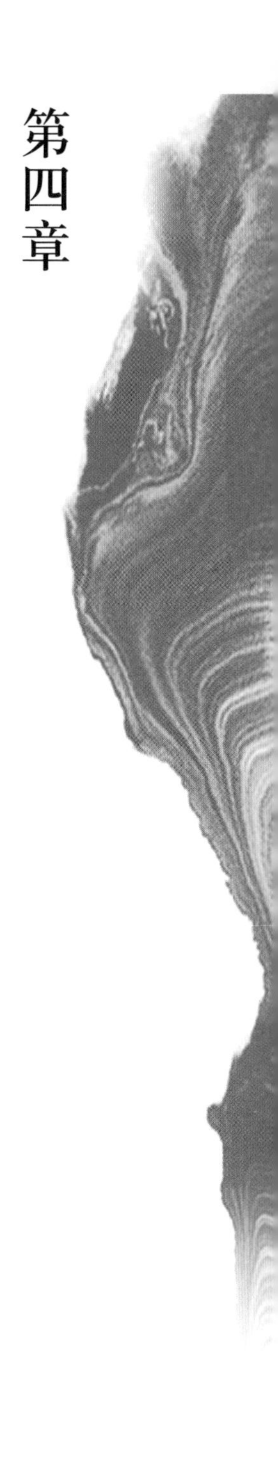

中国赏石美学

第一节 地壳中的岩石

岩石是一定地质作用下形成的物质的稳定形式，主要以矿物集合体的形式存在，通常由一种以上矿物（有时为岩屑）组成。岩石是组成地壳和岩石圈的基本单位，类型复杂多样。按岩石形成的自然作用类型，可将它们分为沉积岩、岩浆岩和变质岩三大类。

一、沉积岩

沉积岩仅占地壳岩石总体积的 5%，但由于它广泛分布于

陆地表面及海洋盆地中，由沉积作用形成，因而它占据了地表75%的面积。在山区常常可以看到一层层的岩石，这就是沉积岩。沉积岩最显著的特征是成层性。组成沉积岩的物质来自于陆地上已生成的各类岩石，它们称为沉积岩的母岩或源岩。除了以上所述母岩，火山喷出物、生物物质、水体中的化学沉淀物也是沉积岩的组成部分。在一定条件下，沉积岩中还有宇宙物质加入。沉积岩完整的形成过程通常包括前期的搬运—沉积过程，后期的深埋压实和脱水固化过程。

沉积岩根据物质的来源、沉积物搬运和沉积作用方式可以分为陆源碎屑岩和化学及生物化学沉积岩两大类。

陆源碎屑岩是指沉积物来自大陆物理侵蚀作用，经流水、风、冰川、泥石流、重力流等搬运到沉积盆地沉积形成的岩石。沉积过程受物理的或机械的因素控制，如流体性质（气体、液体、固体）、运动状态（流动、波浪）及其强度控制。碎屑岩占沉积岩总量的3/4以上。

火山碎屑岩是火山爆发的碎屑物质经过搬运在盆地中（陆上或水下）沉积下来，经成岩固结或熔结而成的岩石。它既有火山作用的表现，又有沉积作用的特征（搬运和沉积），介于火山熔岩与陆源碎屑岩之间。典型的火山碎屑岩的火山物质含量达90%以上，其中可以有10%的陆源碎屑混入物。

化学及生物化学沉积岩的原理表现：物质（矿物）风化成真溶液或胶体溶液搬运到盆地内,或者其本身就来自盆地内部，通过物理化学或生物化学方式沉积下来并经成岩作用转化为岩石。化学及生物化学沉积岩还可以根据成分进一步分类。根据沉积作用的控制因素分为化学或物理化学成因的岩石，如蒸发作用形成的石膏、岩盐，白云岩虽然不属蒸发盐，但它与蒸发作用有关；物理化学或化学沉淀形成的如锰质岩、铜质岩、铁质岩、铝质岩及砷石质岩等；生物及生物化学形成的如碳酸盐岩、硅质岩、磷质岩及部分铁质岩和有机质岩石如煤、油页岩、石油、天然气及沥青质岩等。

二、岩浆岩

岩浆岩是由岩浆上升冷凝后结晶而成的岩石。它可以分为两个成因系列：侵入岩和火山岩。侵入岩和火山岩的本质区别在于它们产出的地质构造位置和结晶环境，两者间除了可以通过结晶程度进行鉴别，侵入岩侵入早先形成的岩石中时，“最省力”的方式是沿裂缝隙侵入并使其横截面有较小的周长，主体沿侵入方向延伸，虽形态多样，但多近圆柱状。大侵入体常呈圆锥状，其边缘或上部可有枝状或脉状延伸部分，与周围岩石的产状不协调。火山岩是岩浆喷出地表，在大气圈和水圈中冷却结晶形成的。当岩浆沿裂隙喷发时，火山岩形态一般与地表形态比较协调，呈被状或层状。

三、变质岩

在地球演化历史中，地壳内早先形成的岩石（岩浆岩、沉积岩、变质岩）为适应新的地质环境和物理化学条件，在固态下发生矿物组成、化学成分和结构构造的变化，统称为变质作用。经变质作用后形成的岩石称变质岩。变质岩形成后还可经历新的变质作用过程，有的变质岩是多次变质作用的产物。

虽然岩浆岩和变质岩都是内生地质作用的产物，但两者的形成机制和特征有很大的不同。它们之间的主要区别：前者主要是从流体（岩浆）结晶转变为固相（岩石）降温过程的产物；后者主要经历了温度和压力的变化，经历了从一种固相直接转变为另一种固相的结晶过程。

（本节内容摘自黄定华主编《普通地质学》，高等教育出版社 2004 年版，第 59 ～ 62 页）

第二节
灵璧磬石的形成及主要类别

广义的灵璧石为徐州—宿州地区新元古代南华纪局限海盆中沉积的碳酸盐岩，历经多期地壳运动和表生岩溶与风化作用，又被第四纪松散沉积物掩埋、地下水浸泽而形成，具有色泽温润、纹理特殊、造型别致、敲击发声悦耳的岩石类观赏石。其出土于华北东南部的江苏徐州—安徽宿州地区（徐宿地区），北起徐州贾汪燕子埠，南至灵璧县西南的吕庄；西起宿州的褚兰，东至邳州占城与睢宁张圩一带，又以该区灵璧县境产出最丰。灵璧石主要分布于这些地区的低山丘陵、剥蚀残丘的坡麓、山间洼地及浅覆盖的山前平原、残积平原地带，隐伏于第四系土层之下（上覆土层厚度多在 1.5 ~ 3.5 米间，甚至达 10 米以上）。集中于土、岩界面附近，属于被掩埋的不同尺度的“羊群地貌”。其母岩形成年代在 6.38 亿 ~ 7.36 亿年前。狭义的灵璧石专指灵璧磬石，包括纹石、珍珠石，主要分布于灵璧县渔沟镇周边及邳州石匣—睢宁张圩一带。

广义概念下的灵璧石种类众多，不是本书研究的重点。本书论述的重点在于如何欣赏观赏石。下面的文字，只叙述灵璧磬石及几个石种的形成。

磬石在灵璧石中居于最重要的地位，四大名石中的灵璧石，一般所指也是灵璧磬石。

以安徽省灵璧县渔沟镇磬云山北麓为例，灵璧磬石形成于南华纪九顶山晚期，约七亿年前的浅海环境。其硬度在莫氏 3 ~ 4。灵璧磬石为黑—灰黑色中厚层状灰岩，泥晶—微晶结构，主要矿物成分为方解石，其次为白云石。

包括灵璧县的徐州—宿州地区位于华北地台南缘，在25亿年前为火山活动强烈的海洋环境，约在18亿年后进入内陆环境。在新元古代青白口纪—震旦纪（距今10亿～5.41亿年前），处于淮南—宿州—徐州—苍山乃至大连的北东向的狭长徐淮海域，沉积了一套陆源碎屑岩——碳酸盐岩。其间的南华纪（距今7.8亿～6.35亿年），一些浮游生物死亡之后与海水中的碳酸盐一起沉淀下来，形成了一层层的碳酸盐沉淀，并被后期沉积物所覆盖、压实，在温度、压力作用下脱水、固结成岩，形成了灵璧石的母岩。历经多次地壳运动，岩层发生褶皱、断裂，在近地表的地下水与地表水数百万年的溶蚀作用下，形成了现在的灵璧石。

进入寒武纪至奥陶纪中晚期（约4.6亿年前），徐州—宿州地区随华北地台为广泛的海洋环境。至石炭纪中期，随整个华北地台地壳抬升为陆地，后又下沉为浅海泻湖。直至二叠纪晚期（距今约2.5亿年），经印支构造运动后，这一带又隆起为陆地，海水从此销声匿迹。同时，在印支运动期间，境内地层发生褶皱、断裂。在侏罗纪晚期至白垩纪，受燕山运动影响，区内伴有火山喷发和岩浆侵入活动，使得部分岩石发生接触变质作用，一些岩石得以“玉化”。进入新生代（约6500万年以来），区内发生隆起、凹陷，在相对隆起区，灵璧石母岩进一步遭受风化、岩溶作用，特别是近100万年以来，经第四纪残坡积—冲洪积黏土层覆盖掩埋、地下水溶蚀与润泽，形成了块体分离、形状各异的观赏个体。

综上所述，灵璧石的形成，基于特殊海洋环境沉积的南华纪碳酸盐岩地层，历经漫长地质时期各种复杂地质作用：物理、化学乃至生物化学作用，产出于山体—平原交接地带无其他基岩地层覆盖的土岩界面。上述地层多数隐伏于第四纪之下，少数零星出露在低山丘陵的剥蚀残丘处。可以说，每一块灵璧石，均是各种自然因素集成的不可复制的偶合体。

灵璧石作为碳酸盐岩，因沉积与成岩环境不同，物质成分不同而呈现不同的颜色和原生的结构、构造；同时，成岩后因于漫长地质时期在各种地质作用过程中所处的微环境不同，每一块灵璧石块体亦或具有一些特殊后生的颜色、结构、构造。灵璧磬石有别于其他类灵璧石的关键，在于其细腻的结构、灰黑色的色调，从而造就了其温润的质感和悦耳的叩击声音。

灵璧磬石常见的外部特征有纹路、珍珠、空洞、沟壑、白筋、对接、伴生等。

一、纹路的形成

纹石的岩性为微晶灰岩，新鲜面为深灰黑色至黑色，抛光面为黑色，致密均一，矿物成分以方解石为主。

赏石者通常所称的纹石是在含硫、炭及 Fe^{2+} 较高的还原环境下稳定沉积的细腻的碳酸钙软泥，在斜坡地带因地震动滑塌而形成的包卷层理经固结而成。这种纹理卷曲，没有定型，变化很多。

如水体较浅，因潮汐或地面抬升，沉积的碳酸盐软泥间隙性露出水面，软泥发生脱水收缩、卷曲而破裂成纵横交错不规则的细小网状裂缝，在后续沉积过程中，被富含有机质的沉积物充填，固结成岩后，岩石沿层理面形成深色网状充填裂隙，在厚度方向形成“V”形图纹，这种构造称为泥裂。泥裂构造与“砂包泥”的深色脉状层理相组合，于灰白色的白云质灰岩中相形生动的似水墨画图纹，在灵璧石中形成了独特的“汉画石”石种。

二、珍珠的形成

珍珠石，是指以黑色圆球状颗粒分布于结晶细腻的泥晶灰岩表面组成各种图案的一类灵璧磬石，见于白马山、磬云山和睢宁、邳州交界的张圩、石匣一带。圆球状颗粒相对于其母体岩石结晶更细、硬度偏大，直径一般在 1cm ~ 2cm 之间。该类灵璧石为黑色微晶灰岩，其特点是在层面上发育有特殊的球状体或次球状体，孤立分布或聚集分布，呈层状，单个球体大小在 5mm ~ 25mm 之间。

这种珍珠有的是一种宏观藻类化石的钙化实体，并非燧石结核或钙质结核。实体宏观藻类化石层为深灰色，颜色浅于其寄主岩石，接触面不平整，呈浅的波纹状。在显微镜下观察，实体宏观藻类化石层和寄主岩石在矿物组成上无明显区别，均为微晶方解石，大小 <0.01mm，含少量富有机质的暗色团块，直径 0.5mm ～ 1mm，少量黄铁矿颗粒，粒径明显小于方解石晶体，零星分布于方解石晶体之间。化石层与寄主岩接触面明显富集有机质，呈暗色。

有的珍珠是成岩过程中的串珠状聚集体，属于碳酸盐软泥在成岩过程中压实、脱水，挤出的富钙溶液沿某些通道不断析出钙质而成。这种成因的珍珠沿裂隙面周边分布。

珍珠石主要产于张渠组顶部、赵圩组底部。由于其稍加打磨后多黝黑发亮，故被称为珍珠石。

三、空洞的形成

空洞（包括透洞与坑窝）的形成原因在于岩石的可溶性。灵璧石作为石灰岩，主要化学成分为碳酸钙，在水和二氧化碳的作用下能微溶为碳酸氢根和钙离子，出溶离子随地下水的流动不断流失、被带走，在漫长的地质年代，这种溶蚀作用便有了累积效应。由于石灰岩层各部分的石灰质含量不同、被侵蚀的程度不同，因此其被溶解分割后的形状也不同，于是形成了灵璧石千姿百态、空洞百出的样貌。此外，特殊的地貌特征对灵璧石形体、空洞形成也有影响，比如流水下渗作用的影响。

四、沟壑的形成

沟壑，也叫溶沟，其形成和空洞的形成原理相同，只是外部表现形状不同，是石体表面沿可溶的既有裂隙溶蚀、扩展形成的。

五、白筋的形成

白筋，是灰黑色的石灰岩因应力作用产生破裂面和裂缝（节理），又由纯碳酸钙甚至二氧化硅填充而成。

六、对接的形成

对接，是由裂隙分割碳酸盐岩岩块，岩溶作用沿该组裂隙与层面发育而形成的两块或多块有一定对应性的观赏石组合。

七、伴生与共生

在同一地质空间内，受特定的物理、化学因素控制，不同成因、不同形成阶段的矿物组合在一起的组合体，称为岩石中矿物的伴生；而相同成因、同一形成阶段的不同矿物组合在一起的称为共生。

（本节内容由研究员级高级工程师宗德林撰写）

第三节
灵璧磬石的主要艺术表现形式

本书是一本以赏石欣赏为核心内容的著作，因为赏石种类众多，本书选择灵璧石中的磬石为主要分析对象。各种赏石欣赏有相似相通之处，搞清楚一种，其他作类比研究即可。作为一种特别的“艺术形式”，我们说一下灵璧磬石是如何展示自己的美的，即美的表现方式。不同的艺术种类，有不同的表现方式。灵璧磬石，也有独特之处。

目前已经被发现的灵璧磬石（这里说的“发现”的意思，不仅是指石头被挖掘出来，而且表示其形状被认识），与上一节形成的类别相对应，大概有以下几种艺术表现形式：

一、纹路

关于灵璧磬石石体上的纹路是怎样形成的，前面有叙述。纹路的形状很多，从广大石友给石头取的名字上基本可以判断它们的形状。已经发现的纹石如：1. 龟纹石，由大小不同的圈状纹理组成，分布较规则，形似龟甲上的纹理。2. 蝴蝶纹，由大小不同的形似蝴蝶的纹理所组成。蝴蝶纹一般和其他纹理交错分布，有的一块石头上仅有一只，有的有多只。3. 核桃纹，形似核桃的纹，这种纹路比较多见。核桃纹有大的较深的褶皱，也有小的较细的褶皱。4. 凤凰纹，灵璧纹石中极少见的一种纹理。纹形似凤尾，和其他纹石不同的是凤凰的图案一般在一块石头上仅有一只，分布两只的极为罕见。5. 猫头纹，一种形似猫头的纹理。6. 汉字纹，纹石中很稀少的一种，出现过似甲骨文、草书、正楷等汉字。7. 图案纹，纹理可以构成一幅完整的画面。8. 竹叶纹，形似竹叶的纹理。9. 树叶纹，形似树叶的纹理。10. 脉波纹，线条很直，且有高低起伏似脉波变化的纹理。11. 印花纹，纹理像印花布面，每个花 1.5cm 见方，有规律地排列，布满画面。12. 水线纹，纹路是有规律的按水平状态层叠状分布的纹理。应该还会有其他的形状，每出现一种新的纹饰，石友们会积极命名。（本段来自网络，作者不详，有增减）

纹路，灵璧磬石艺术表现的重要方式之一。需要说明的是，有的纹路是装饰性的，有的纹路是表现性的。

比如“汉宫舞韵”（图 4-1）、“汉家山河”（图 4-2）等石头上面的纹路是装饰性的纹路，没有纹路，山依然是山，人依然是人，只是没有了现在的韵味，显得单薄。像这种不对主题构成影响，只是起到点缀作用的纹路，就是装饰性的纹路。

像肖首里面的“虎头”“龙头”“猴头”（图 4-21，第 174、175、177 页）等，纹路本身构成画面主题，这种纹路就是表现性的纹路。

装饰性的纹路，石头主题更多的是依赖于形体去表现；表现性的纹路，主要靠纹路来表现主题。似乎是表现性的纹路比装饰性的纹路更有价值？不能简单这样说，石头的艺术及经济价值是由多种因素共同决定的，也就是说，形体表现并不一定比纹路表现不好，实为两种艺术表达方式。

汉宫舞韵

石种：灵璧纹石　尺寸：26cmx12cmx22cm

图 4-1

汉家山河

石种：灵璧纹石　尺寸：75cmx17cmx27cm

图 4-2

二、珍珠

相对于纹路，珍珠变化少了很多。珍珠一般为圆球状，小的如豆粒，大的如葡萄般大小，超大的就是异形了，比较少见。

单体的纹路可以独立成形，比如前面提到的如蝴蝶纹、核桃纹等。但是，单体的珍珠一般是圆球状，没有变化，单体珍珠能形成形状的比较稀少。

像“大眼睛青蛙”（图 4−3），眼睛部位两个珍珠为双圈珍珠，比较稀少。而“双朵竞放”（图 4−4）上面的珍珠形似两朵玫瑰，更是罕见。

珍珠一般依附于石体表面；不依附于石体，珍珠之间团结

大眼睛青蛙

石种：灵璧珍珠石　尺寸：15cmx2cmx11cm

图 4−3

双朵竞放

石种：灵璧珍珠石　尺寸：9cmx5cmx17cm

图 4-4

麻雀

石种：灵璧珍珠石　尺寸：5cmx3cmx3cm

图 4-5

禅坐

石种：灵璧珍珠石　尺寸：5cmx2cmx5cm

图 4-6

石种：灵璧珍珠石　尺寸：12cmx7cmx21cm

图 4-7

在一起，如“麻雀”（图 4–5）独自形成一体的，非常稀少。

珍珠一般与石体共同构成形象，如“大眼睛青蛙”（图 4–3）、“禅坐”（图 4–6）；也有不依赖于石体形状，石体表面上的珠子联合构成画面的，如“菩提树下”（图 4–7）。

和纹路一样，珍珠也可以区分为装饰性与表现性两种。“大眼睛青蛙”的眼睛珠子，就是表现性珍珠；身体上的珠子，就是装饰性珍珠。“禅坐”上的三个珠子（正反两面各有一个对称珠子），就是表现性珍珠。

三、空洞

和太湖石相比，空洞不是灵璧石的长项。但是，由于灵璧石长于形状，如果有恰到好处的孔洞点缀，就有出人意料的审美效果。

空洞区分为空与洞，即非通透的坑窝与通透的洞。

和纹路与珍珠一样，空洞也可以区分为装饰性与表现性两种。

像“通灵禅韵”（图 3–4，第 97 页）、“月落连坪”（图 3–11，第 105 页）这两块这么大体量的石头，有了孔洞，显得非常灵秀；但是，里面的空洞没有特别的意义表达，是一种装饰，空洞与形体组合在一起构成一种有意味的形式。

下面这个“青锦屏”（图 4–8）也是装饰性空洞。

再下面这块石头的洞作用不同，洞就是表现性的了。

“大脸谱”（图 4–9），石头外形似一个人脸的外部轮廓，

青锦屏

石种：灵璧磬石　尺寸：140cmx20cmx50cm

图 4-8

大脸谱

石种：灵璧纹石　尺寸：78cmx34cmx95cm

图 4-9

中间几个孔洞示意眼、鼻、口，一个人脸就出来了。通过洞来表现主题的灵璧石很少。

还有前面的“鳖”（图 3–3，第 96 页），后面将出现的肖首组合里面的“牛头”“狗头”“猪头”（图 4–21，第 174、178、179 页）等，也都是由洞来表现主题的。

四、沟壑

沟壑，俗称石沟，也是灵璧石艺术表现的重要形式之一，因其不张扬而被很多收藏者忽视。大家对沟壑的重视，远没有

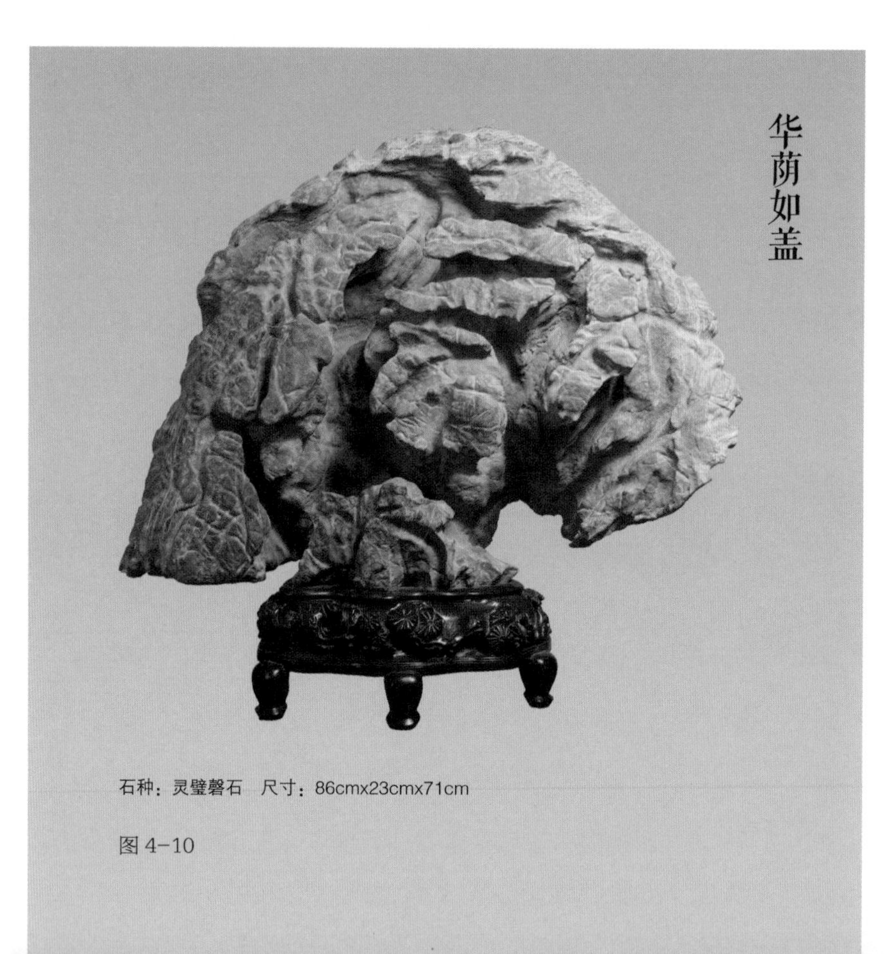

石种：灵璧磬石　尺寸：86cmx23cmx71cm

图 4–10

对纹路、珍珠、空洞那样多。其实，沟壑在灵璧石石体上非常普遍，装饰性的沟较多，表现性的较少。

“华荫如盖”（图 4–10），这块石头首先是一块石质非常棒的磬石，石面上看似随意的深沟，却勾勒出树的形状。石头形体也非常配合，像一幅剪纸，画面剪好后，把周边多余的部分就剪掉了。石形与石沟完美配合，成就一棵完美的“树”。

“洞穴中的夫妻”（图 4–11），似原始岩画，用稚嫩的刻刀，表现人类最率真的艺术。这种非常均匀的沟壑极为稀少。

“平板浅沟脸谱”（图 4–12），上面全是石沟，仔细观察，

洞穴中的夫妻

石种：灵璧磬石　尺寸：18cmx3cmx15cm

图 4–11

平板浅沟脸谱

石种：灵璧磬石　尺寸：14cmx4cmx30cm

图 4-12

中间偏上部位，三条不规则的沟（深处有透洞），勾勒出一面人脸。这个很有意思，它的方形形状，沟壑很多，似乎还很乱，不经意之间刻画出脸部特征，似乎是“艺术家”就是不想让您看出创作意图似的。

前面看到的“浅沟鱼”（图 2-58，第 74 页），上面三条线是非常浅的沟，这种沟也极为稀少。

沟壑与纹路的形成是不一样的。纹路的形成，是沉积的碳酸盐软泥露出水面，发生脱水收缩而破裂成纵横交错不规则的细小网状裂缝，是经历过“脱水收缩”这样一个过程的，纹路的截面一般成“V”字形，比较规则；而沟壑的形成，是因为灵璧石为石灰岩，石灰岩里不溶性的碳酸钙，在水和二氧化碳的作用下能转化为微溶性的碳酸氢钙，石体表面沿可溶的既有裂隙溶蚀、扩展形成的，所以沟壑的截面一般不规则。

沟壑与纹路，在视觉上是不一样的，但是，广大石友往往把细小的沟壑误当成纹路。

五、白筋

白筋在灵璧磬石中并不少见。如“山峰松鹤鸣泉”（图4-13），中间山沟处一道白筋似流水瀑布，很是漂亮。

石种：灵璧纹石　尺寸：76cmx32cmx36cm

图 4-13

后面还有“爱美的青蛙”（第 169 页），脖子处一道白筋。

六、对接

对接的石头并不是很稀少，但对接的位置很重要，位置恰当比整体一块的石头更有意味。

前文说过有两类对接，以第一类为例，即“由裂隙分割碳酸盐岩岩块，岩溶作用沿该组裂隙与层面发育”形成的赏石。本书中收录了纹石“1990”（图 3–26，第 126 页）和象形石“哺”（图 4–14），两块石头都是三个部分组合，尤其是“哺”，假如对接处有偏离，就顿失趣味。

哺

石种：灵璧磬石（对石）　尺寸：52cmx18cmx68cm

图 4–14

七、伴生

我们见到的，与灵璧磬石伴生的种类，有白灵石、火疙瘩等。

“爱美的青蛙”（图 4-15），脖子上一条白筋，白筋处有一小石头方块长条，身体上有不醒目的零星小点。长条石块与其他部位石质不同，应该是两块分别形成的石头粘连在一起形成一块伴生观赏石。

下面几块白灵伴生石，厉害不？在这里值得停下来吹一吹牛。

爱美的青蛙

石种：灵璧磬石　尺寸：8cmx6cmx5cm

图 4-15

石种：灵璧白灵石　尺寸：45cmx20cmx20cm

图 4-16

石种：灵璧白灵石　尺寸：32cmx8cmx18cm

图 4-17

媒婆

石种：灵璧白灵石　尺寸：19cmx9cmx25cm

图 4-18

雪中莲

石种：灵璧白灵石　尺寸：20cmx10cmx22cm

图 4-19

图 4-20　石种：灵璧火疙瘩　尺寸：37cmx33cmx60cm

下面是磬石与火疙瘩伴生组合而成的观赏石。

八、组合

组合，指原本没有关联的两块或多块赏石，在美与善的原则下，人为组合在一起的两块或多块石头。组合与对接不同，对接是先天的，组合是后天的。

严格地说，组合是“人为”的艺术表现，已经不是灵璧石“自然”的艺术表现了。不过，由于这种情况在实务中比较普遍，还是简单说一下。

比如前面第三章第七节讲到的“福禄寿喜”与“衣食住行”两个组合。

还有“十二肖首组合”（见图4-21）。石友们组合十二生肖的比较多。但肖首组合要比生肖组合难度大一些，就像书法，笔画越少的字越难写，越简单的笔画，越难以藏拙，越考验功力。

图4-21-1（十二肖首组合）

丑
牛

石种：灵璧珍珠石
尺寸：36cmx32cmx22cm

图 4-21-2（十二肖首组合）

寅
虎

石种：灵璧纹石
尺寸：26cmx36cmx26cm

图 4-21-3（十二肖首组合）

卯
兔

石种：灵璧磬石　尺寸：33cmx12cmx16cm

图 4-21-4（十二肖首组合）

辰
龙

石种：灵璧纹石　尺寸：52cmx12cmx14cm

图 4-21-5（十二肖首组合）

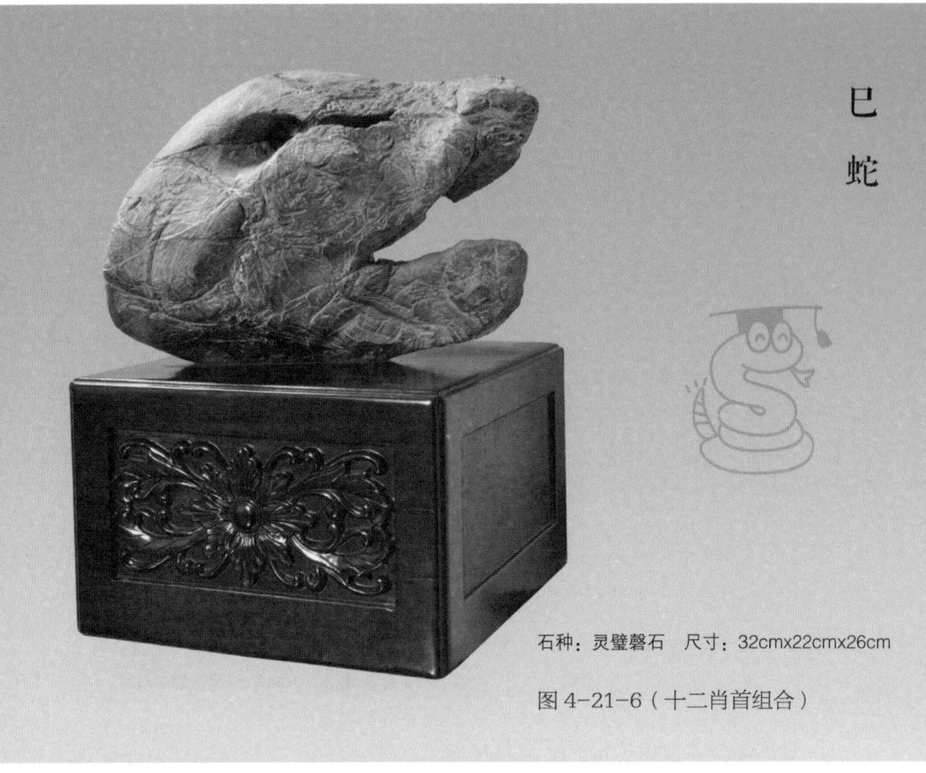

石种：灵璧磬石　尺寸：32cmx22cmx26cm

图 4-21-6（十二肖首组合）

石种：灵璧纹石　尺寸：35cmx12cmx33cm

图 4-21-7（十二肖首组合）

未
羊

石种：灵璧磬石　尺寸：26cmx20cmx20cm

图 4-21-8（十二肖首组合）

申
猴

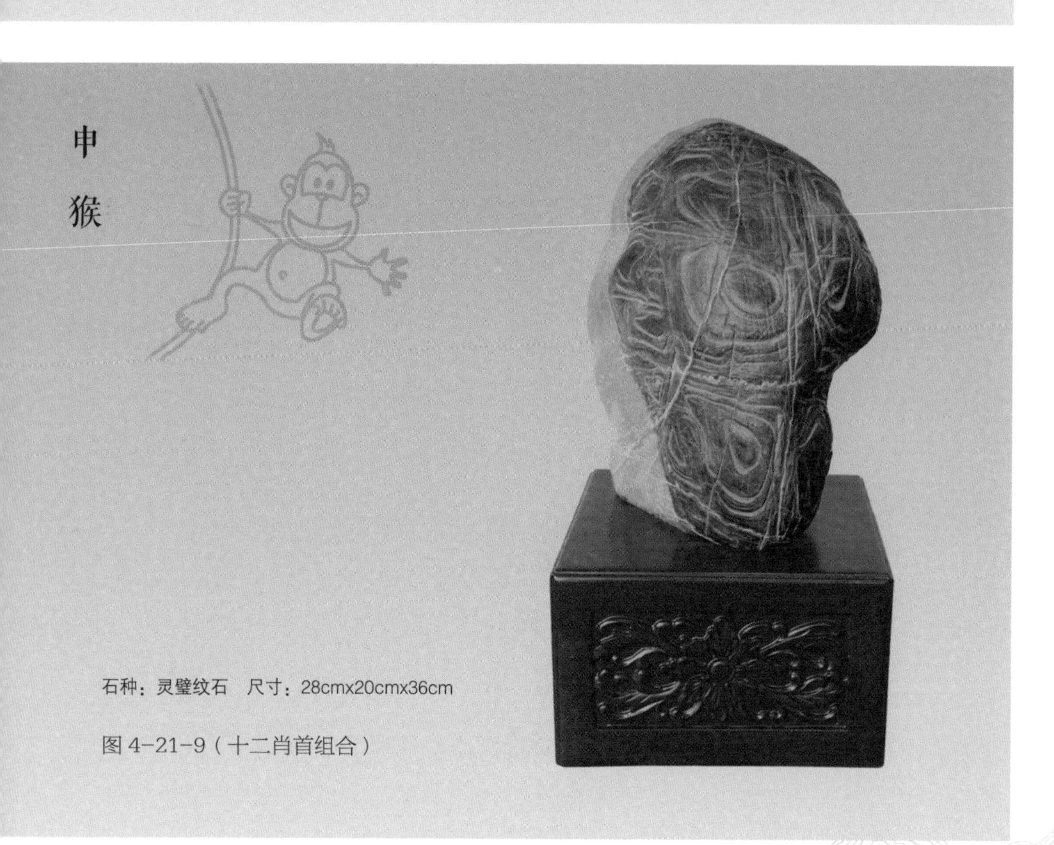

石种：灵璧纹石　尺寸：28cmx20cmx36cm

图 4-21-9（十二肖首组合）

酉
鸡

石种：灵璧纹石
尺寸：21cmx14cmx31cm

图 4-21-10（十二肖首组合）

戌
狗

石种：灵璧磬石
尺寸：16cmx16cmx14cm

图 4-21-11（十二肖首组合）

亥

猪

石种：灵璧磬石
尺寸：36cmx16cmx26cm

图 4-21-12（十二肖首组合）

第二章第四节里讲到的一组“幼稚鱼”，也非常有意思。有意思之处，在于它们一方面展现了“幼稚期绘画”的不同阶段，又分别代表了灵璧磬石不同的艺术表现形式，两条红线共同“串”一个组合，难度相当大，约束条件越多，难度越大。

九、艺术表现与艺术价值

现代艺术，流派纷呈，每一个流派，都产生了无数的作品和众多的艺术家。这里介绍一下前文提到的一些艺术流派及其特点。

印象派画家提倡走出画室，深入原野、乡村、街头写生，力求真实地刻画自然。借用“物体的色彩是由光的照射而产生的，物体的固有色是不存在的”这一当时最新光学理论，印象派画家认为，景物在不同的光照条件下有不同的颜色，他们的使命便是忠实地刻画在变动不居的光照条件下景物的“真实”。这种瞬间的真实恰恰就是一种转瞬即逝的“印象”。画家把这种瞬间永恒地记录在了画布上，开创了不同于以往艺术特点的“印象派”。

野兽派吸收了东方和非洲艺术的表现手法，艺术家们热衷于运用鲜艳、浓重的色彩，用直接从颜料管中挤出的颜料，以直率、粗放的笔法，创造强烈的画面效果。

立体派绘画追求一种几何形体的美，追求形式的排列组合所产生的美感，把三维空间的画面归结成平面的画面，着力表现由直线、曲线所构成的轮廓、块面堆积与交错的趣味和情调。

在中国书法史上，王羲之被尊为书圣。与两汉、西晋时期的书风相比，其书风最明显的特征是用笔细腻，结构多变，变汉魏质朴书风为笔法精致、美轮美奂的书体。草书浓纤折中，正书势巧形密，行书遒劲自然。他把汉字书写从实用引入一种注重技法、讲究情趣的境界，实际上这是中国书法艺术的觉醒。

再给大家讲个例子。法国艺术家马塞尔·杜尚（Marcel Duchamp，1887—1968），是二十世纪实验艺术的先锋，是达达主义及超现实主义的代表人物和创始人之一，是西方艺术史上一个标志性人物，他的出现在一定程度上改变了西方现代艺术的发展进程。

他有一件作品，如图 4-22 所示。

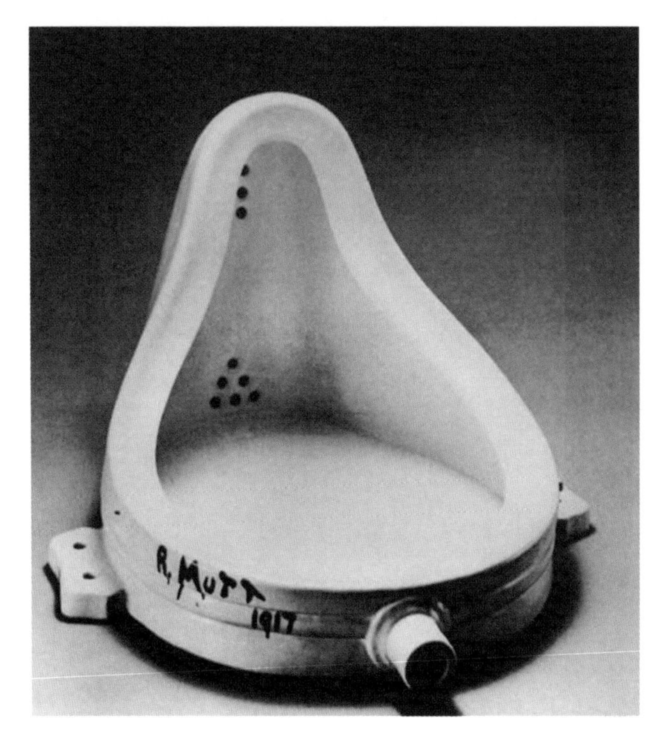

图 4-22

看清楚了吗？没错，就是个小便器，而且不是他自己手工做的，是他从商店里买来的，不过名字是他自己签的。

这件东西存放在蓬皮杜国家博物馆里。中国很多游客都去目睹过。您说想拿一个亿人民币买这个小便器，法国人民会说："可以把我们的总统卖给您，这个真的不行。"热情的法国人可能还会告诉您巴黎哪里有卖小便器的。

为什么这么一件东西值这么多钱？前面不是说了嘛，杜尚开创了一个新的艺术流派，甚至改变了西方现代艺术的进程。所以，您应该同意，开创艺术表现形式是一件多么重要的事情。整个艺术史，可以说是艺术表现形式探索、发展史，只有那些艺术价值高，同时艺术表现形式有创新的作品，才是开艺术先河的传世作品；只有那些创新艺术表现形式的艺术家，才是在艺术史的长河中留下印迹的大家。

前文讲过，灵璧磬石作为一种特殊的艺术品，其艺术表现形式主要有纹路、珍珠、沟壑、空洞、对接等。而一些没有引起众多收藏家注意的石头，由于其在艺术表现形式方面特殊，或者说在某一类艺术表现形式方面是最好的，还是具有很高的收藏价值。各位石友还是在周末的时候翻翻自家的床底，说不定会有好运气。

如果一块石头上同时展现了两种或多种艺术方式，我们可以说这块石头是一块难得的、汇集了多种艺术表现形式的石头。

下面“双色鱼”（图 4-23），同时具备了珍珠与纹路两种表现形式，对比强烈，非常有意境。在第二章第四节出现的一组稚嫩鱼，分别展现了纹路、珍珠、空洞、沟壑等多种艺术形式，而最后那条“工整鱼”（图 2-61），奇迹般地在一块石头上同时出现了纹路、空洞、沟壑、珍珠多种表现形式。

回头看看那条鱼，在第 77 页。

纹路，大家很容易看出来。

图4-23　石种：灵璧珍珠纹石　尺寸：22cmx4cmx13cm

沟壑，鱼尾部分，一条细线表示鱼的尾巴，只有少儿才会有如此调皮、大胆的画法。

空洞，洞有透洞和非透洞（坑窝）。头部用坑窝，以更加突出眼睛。

珍珠，眼睛用珍珠表示。而且，这种珠不是灵璧石常见到的那种珍珠，是一种含铁量很高的物质，这种物质在灵璧石中非常稀有。

在灵璧石中，这是我所见到的唯一的一块同时具有如此多的表现形式的石头。如果是人类的作品，这属于“炫技”（不是现在流行的炫富），很拽的，于灵璧石，可以说是绝品。自从买过这块石头，我觉得自己走路的时候都飘乎乎的。

第五章
赏石的价格生成

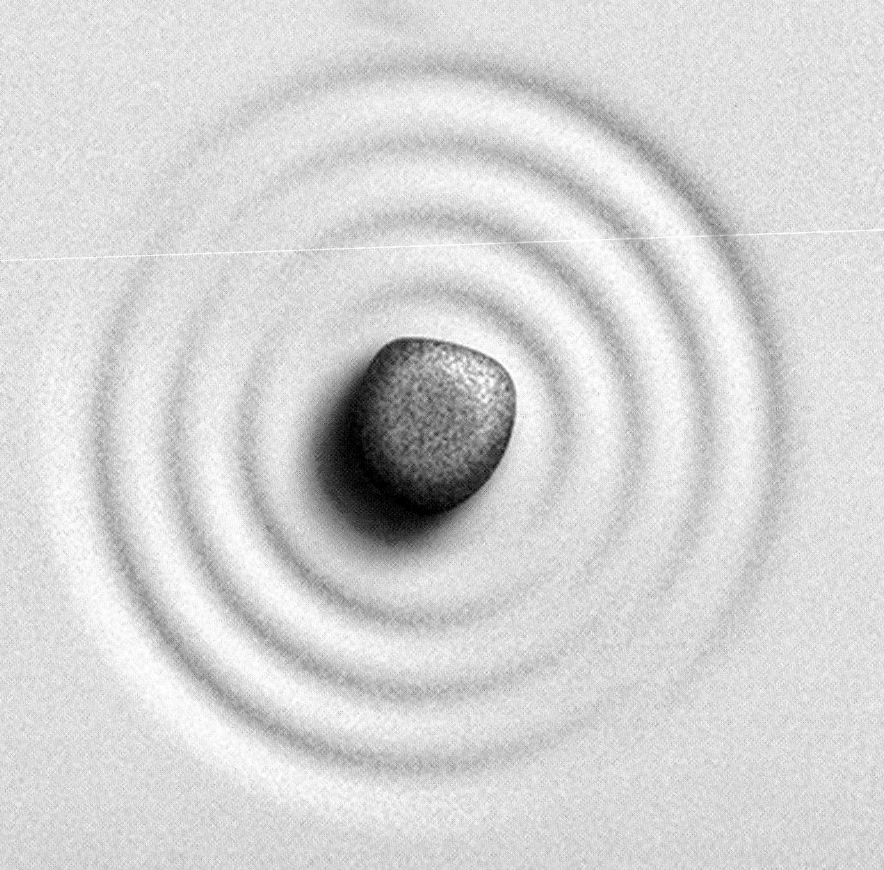

中国赏石美学

第一节
艺术价值

艺术品的价值，包含着艺术价值、科研价值、文物价值和经济价值，它们相互关联而又相对独立。艺术价值不是艺术品价格的唯一决定因素，但是，一般来说，艺术价值最终会在艺术品市场上通过价格表现出来，并且，艺术价值是艺术品价格最重要的决定因素，只是艺术价值与艺术品的价格往往在相当长的时期内是不一致的。有些艺术家一生穷困潦倒，身后作品

却价值连城。

赏石的科研价值与艺术价值是相对客观存在的，但是，只有被市场认识到才能表现在经济价值上。前文说过，赏石的形成、欣赏等方面的理论研究成果，目前非常少。由于相关的、严谨的研究作品较少，致使灵璧石等赏石的艺术价值没有被市场充分体现，这是目前其经济价值被严重低估的主要原因。

我们设想，紫砂壶没有文化背景也就是个茶具，玉器没有文化背景也就是个工艺品，它们会有现在的市场价值吗？我们设想，随着赏石理论研究的深入，大家的视野打开了，就会重新审视一些以前没有被认识到的赏石。有时候，换个角度看赏石就会有新的发现。更重要的，随着理论的扩散，赏石圈会扩大，更多的资本会介入，会抬高赏石的价格。

第二节
稀缺性

决定经济价值的因素，除了艺术价值，还有艺术品的稀缺性。不过，这种稀缺性是一个比较复杂的概念。

经济学常识告诉我们，稀缺性与价格之间的关系密切。但问题在于两者不是简单的线性关系。

一般来说，稀少的东西价格高。为什么稀少的东西价格高？这是由供求关系决定的。这里问题就出来了，稀缺不仅是因为艺术品的绝对量上的稀缺，如果有更多购买者，同样可以导致相对稀缺。怎么样才能有更多的购买者？当然，有一些因素会起作用，比如文化研究深入，比如市场推广普及，还有一个很重要的因素，就是要有一定量的支撑。和田玉假如没有如此量大，从古至今就不会有这样大的收藏群体，就不会有紧随其后的文化跟进，但是假如和田玉量大到俯拾皆是，怕是又没有当今的价格了。

也就是说，一种情况是绝对稀缺，一种情况是相对稀缺。而往往，绝对稀缺，由于对应的群体少，资金跟进少，反倒不能创造出很高的价格来。那些有足够的量为基础，参与的群体足够大，文化艺术价值挖掘充分，资金跟进充分的艺术品，其中的佼佼者，在众星捧月的基础上，导致相对稀缺，才能创造出非常高的价格来。

宋代的瓷器早已经拍出过亿的价格，就是因为瓷器的量尚不算太小，文化艺术价值研究充分且足够高。宋瓷在瓷器中出类拔萃，是在“多”的基础上的“少”。

赏石历史悠久，储量丰富，符合这一特点，在更多人参与的基础上，品味高的灵璧石会有良好的价格表现。

第三节

市场因素

市场因素也是价格决定的重要因素。

目前，全国缺少有规模的交易平台，包括拍卖行和网上交易平台。

我曾参加过国内一些拍卖行举办的活动，发现有些拍品在拍卖行的价格往往高于古董店里同档次物品的价格，但仍有很多收藏家参与其中。剔除一些高端藏品在古董店里难以遇见的因素，收藏家更愿意进拍卖行的原因，就是有信誉的拍卖行拍品相对可靠；购买的价格公开，以后变现就会相对容易，再次上拍也容易脱手。

反观现在的赏石，基本都是私下交易，对外公开的成交价格不是很可靠，再次交易时缺少参考。市场价格是一种不断调整的结果，没有客观公开的成交信息，市场就缺少调整的机会，价格总是在低端徘徊。拍卖的赏石多了，大家才能有个参考比较，才有利于高端赏石形成比较有共识的价格。一个从来不了解市场的人，您告诉他李可染的画一张一个多亿，他绝对不会相信，但看到一次次公开拍卖的信息后，他就会接受这个“事实”。而李可染的画不是一次就拍上去的，也是从一千万到两千万，从两千万到三千万，是一个不断调整的过程。因此，赏石行业建立起有公信力的拍卖组织是很有必要的，公开的网上交易也是有必要的。

需要提醒大家的是，判断价格不要受短期市场因素的影响。

比如某赏石上过哪个杂志哪本书，获得过什么奖项。市场上有一些杂志和书，不是很有公信力，有些上石头还会收费的，所以不能作为价格的参考。

再如和某个事件有联系，跟某个名人有联系。比如这块石头进故宫了，那块石头在哪里获奖了，这块石头和谁谁之间有什么故事啦，这些东西在一定程度上会干扰价格判断。客观地讲，有一些因素确实在一定程度上能够持久地干扰价格，有一定的合理性。在古董拍卖行里，皇家的东西，和名人有关的东西，流传有绪的东西，对价格是能起作用的，有时候作用还很大，因为文物的价值不是单单由其艺术价值决定的，一些和历史名人或重大事件挂钩的文物，其历史价值和象征意义巨大，艺术价值反倒退居次要位置。注意，前面说的是皇家、历史名人、重大事件，我们的赏石获个奖什么的这些小事，不足为道，过几年就淹没在历史长河里了，长期来看，对价格几乎没有什么影响。我曾经和朋友开玩笑说，我这个人之所以没有明显的污点，就是没有参加过什么民间组织，没有获得过“荣誉称号”。

还有，就是不要受市场“主流”因素的左右。

在判断石头的价格时，在一定时期内，广大石友会形成一定共识，比如“纹石成形，价值连城”等。大家都知道，灵璧磬石中有纹路，有珍珠，带洞的石头价格高，这是符合我们前文中的赏石原则的；但是，判断一件艺术品的价值，不能单看它用了什么艺术手段，既要看其用到的艺术手段，还要看其达到的艺术水平，要综合判断其艺术价值。市场往往在一定阶段内忽然重视这个，忽然认可那个，投资要注意不跟风，您可以在下一个风口等着。

最后，喊两句激动人心的口号：请大家坚信，赏石的艺术价值和经济价值，其实是高过现在一些热门的艺术门类的；赏石过亿，您就回家喝茶等着吧，不要乱跑。

后记

本书是观象博物馆系列丛书的第一本专著。

我们先说一下观象博物馆名字的来历。“观象”，最早出自《周易· 系辞上》：“圣人设卦观象，系辞焉而明吉凶，刚柔相推而生变化。”当时的意思大概是观察卦爻之象，古人用以测吉凶。象是《易经》的根，八卦来源于观象，是将宇宙间万事万物之象高度概括为八卦。八卦是《易经》的核心，在没有文字之前，人们就是通过类似于八卦的一些符号来传输信息，这种信息传输的载体就是卦象，故无象无《易》。《易经》与其他典籍的不同，主要在卦象。《易经》是依卦象来说明道理的，其他经典用的都是文字。卦象早于文字出现，也更接近于真理。《易经》为儒家的众经之首，是儒家、道家思想的源头。

中国传统文化重视“观象明礼”之说。这里的“象”，特指食物。但自然界中的一切，都是“象”，或称“物象”。“象”有形状、颜色、声音、味道，是具体可感的。“礼”同“理”，这里指“病理”，可以引申为“道理”“真理”“道”“易”。

“象”，用哲学语言表达，类似于康德所说的“表象的杂多”。人类不同于动物之处就在于人类有思维、归纳的能力，我们可以通过“表象的杂多”来找到“理性的统一”。“理性的统一”，就是西方的“理念”，道家的“道”，《易经》的“易”，就是我们常说的“道理”“真理”。

前文中，我们把全部的赏石区分为具象、意象、抽象三大类。也就是说，观象博物馆里所有的石头，都是“象”。自然地，博物馆取名“观象”。

不管是“观象明礼”，还是“观象悟道”，博物馆提供的仅仅是“象”，意在让大家在此驻足观象，有所“感悟”。

下面总结一下本书的主要内容：

本书简略介绍了灵璧石的形成。

本书分析了赏石欣赏的哲学基础，指出了中西方理念的差异，剖析了西方人不玩赏石的原因和中国人理解赏石的文化根基。

本书把赏石与其他艺术形式作对比研究，把赏石区分为具象石、意象石、抽象石，并揭示每一类赏石的欣赏规律。

本书总结了一些赏石欣赏的美学原则，以期为广大石友打开赏石的视野，为赏石欣赏探寻一些规律。

本书把赏石的外部特征表述为艺术表现方式，以期对确是赏石的形成机理，理解其艺术形式、判断其经济价值提供一些有意义的方法。

本书客观评价了古代与当代赏石理论的基本内容，剖析了“瘦透漏皱”及“文而丑”的现代美学价值。

本书在剖析赏石艺术表现的时候，选择了灵璧石中的磬石作为研究对象，这样做有利于用比较少的文字把问题讲清楚。把一个石种说透了，其他石种可以类比。本书描述的赏石理论，适用于其他种类的赏石。

本书大约有130幅灵璧石图片，基本涵盖了灵璧石的主要类别，对后人了解灵璧石全貌有一定的价值。

本书试图以“瘦透漏皱”这样简洁、直观的文字，来总结赏石原则、技巧。如果能做到此点，我想一定有利于本书的传播，也会让更多的石友受益，因为我相信简洁就是力量。然而，我费了很大的力气可能仍没有做到这一点。因此，我建议有此志向的人士放弃这种努力，因为，赏石艺术与其他艺术门类一样，不是一句话或者几个字能说清楚的，欣赏任何一门艺术，都需要一整套理论做基础。

观象博物馆是一家民办机构，将致力于推动以下事情：

1. 致力于灵璧石实物与图片的收集、整理

伴随着二十世纪八十年代中国政府对经济管制的放松，赏

石收藏和鉴赏与其他收藏品一样，在中国突然兴起。灵璧石因其存量大、品质优而成为赏石中的热点之一。

这一次始于二十世纪八十年代的大规模、全覆盖的挖掘，首先得益于挖掘、运送工具的提升。还有，长期的文化禁锢束缚了中国人的艺术创造力，艺术从形式到内容被政治化，一时间，艺术创造跟不上需求；赏石，因其具有丰富的想象空间，填补了空缺，尤其是数量大、收藏门槛低、升值空间大（石头最初的成本仅有石农的挖掘劳力），激发了社会大众的广泛参与。

灵璧石的大规模挖掘，基本上可以说是始于当代、终于当代（图 6–1）。我们这一代人有幸看到了灵璧石的各个品类、

图 6–1

分布的位置、每一个品类的大概存世数量。但是，灵璧石挖掘出来后很快流通到市场，散落到了全国各地收藏者的手里，所以如果我们这一代人不能完整地将其记录下来，数十年后再想对灵璧石的实物与图片加以收集、整理，做相关的研究，几乎是一项不可完成的任务，将成为历史遗憾。我们这一代人有这个责任，对灵璧石的实物与图片加以收集、整理、分类，让后人能够看到灵璧石的全貌。

2. 对灵璧石的形成加以研究

关于灵璧石的形成，目前，安徽省煤田地质局第三勘探队、安徽省地质矿产局等机构已经做了不少的研究性工作，但是，随着实践的深入，又出现了一些新的品种、新的问题，观象博物馆将组织、资助相关研究。

3. 推动赏石文化建设

基本上可以说，到目前为止，赏石方面还没有一种能成为体系的理论。这一方面是因为中国人习惯于体悟式的描述，不习惯于严谨的逻辑表达。中国人在表达美感的时候，会运用类比，会引用经典，会讲个故事，这样的描述使本来有一定基础的人可能会顿悟，但更多的人不好理解。

艺术实践必须有艺术理论的推动才能走得更远。设想，中国书法如果没有历代批评家的文字，我们可能会很茫然地面对先贤留下的墨宝，甚至书法难以成其为书法。西方印象派出现的时候，其作品甚至不能被放进正规的画廊，他们不得不组织“落选者展览”去展出他们的作品，在理论及时跟进后，社会与历史才接受这种艺术形式。一个艺术门类，有更多的文人参与，有更多的批评理论指导，才能有更多的理解、更大的空间。

观象博物馆将致力于推动赏石理论建设，除了组织人员做相关研究，还将不定期组织国内学术讨论会等活动，以推动建立与赏石实践相适应的理论体系。

本书在成书过程中，先后得到孙淮滨、王文正、宗德林、李壮福、宦振宏、刘先令等老师的指导与帮助；吴玉伟先生参与了本书所展示石头的选择、鉴定、命名及最后排版编辑等工作；王晨先生担纲本书所展示石头的拍照工作；还有灵璧石产地周边的很多石友，为我们提供了丰富的石头实物或图片，在此一并致谢。

最后，我不得不承认，由于本人知识所限，加上本书论题过于宏大，书中漏洞肯定不少，望各位石友给予指导，共同推动赏石文化进步。

我的话总算啰唆完了。我一向不知道，啰嗦算是个优点还是缺点？现在，我决定不再啰唆，闭上嘴，请大家在没有干扰的情况下，安静地欣赏一下石头。

可是，石头都在前面迫不及待地给大家看过了。我也不知道，啰嗦与急躁这两个毛病，怎么会同时潜入一个人身体里面

图 6-2　石种：灵璧古石　尺寸：210cmx110cmx110cm

去了呢？

如果您愿意，把本书再翻一遍，从头欣赏一下其中的石头吧。

图 6-2“镇河”，古灵璧石。

该石皮层风化深重，有较强的沧桑感。主体部分由三根立柱支撑，前后略有起伏，形态怪异，整体风格壮硕厚重，局部依稀可辨修治凿痕，具有明显宋元遗石风格。该石曾被遗弃于灵璧县某故河床内数百年，后被打捞而弃置于河道边，其确切年份与传承流绪尚待细考。

目前已知的在全国各地名园中的灵璧古石不少，但逸散在

瑞云

石种：灵璧古石　尺寸：67cmx9cmx96cm

图 6-3

群峰毓秀

石种：太湖石

尺寸：490cmx350cmx230cm

图 6-4

离别

石种：灵璧白灵石　尺寸：11cmx8cmx9cm

图 6-5

私奔

石种：灵璧透花石　尺寸：60cmx12cmx70cm

图 6-6

灵璧本地，当年采掘后因运输不便而弃之的应该还有不少。上述这块“镇河”石因不符合现代人审美理念而长期无人问津。当地赵姓长者为小学校长，学识超过众人，发现该石后移入家中，后举荐给观象博物馆，为研究灵璧古石提供了珍贵参照物。

“离别”与“私奔”。

“离别”为白灵璧。该石体量如拳，莹润如玉。椭圆主体的白灵衍生数颗金黄色火疙瘩，体态活像一只屎壳郎滚出的粪球，石形本身暗示“滚蛋”之意；由俗而雅，由调笑到静穆，遂得此名。（图 6–5）

“私奔”为海藻石。该石的海藻筋纹以简笔手法，率意粗略地勾勒出一幅写意图案，图画透露的意象，酷似一男一女手拉手，似在匆匆遁逸。（图 6–6）

两石名字带有较强的戏谑意味，是一组富有喜感的灵璧石。我曾以此两块石头为题创作短篇幽默小说，该小说收录于短篇小说集《烦着》。

主要参考文献

[1]（德）康德著，宗白华译《判断力批判》，商务印书馆 2011 年版。

[2]（德）黑格尔著，朱光潜译《美学》，商务印书馆 1996 年版。

[3]（英）B·鲍桑葵著，彭盛译《美学史》，当代世界出版社 2008 年版。

[4]（美）福雷德·S·克雷纳、克里斯汀·J·马米亚著，李建群等译《加德纳艺术通史》，湖南美术出版社 2013 年版。

[5]（美）乔治·桑塔耶纳著，杨向荣译《美感》，人民出版社 2013 年版。

[6]（英）克莱夫·贝尔著，马钟元等译《艺术》，中国文联出版社 2015 年版。

[7] 蒋勋著《西洋美术史》，湖南美术出版社 2015 年版。

[8] 林泉著《杜尚的艺术》，人民出版社 2012 年版。

[9] 朱良志著《顽石的风流》，中华书局2016年版。

[10] 官振宏《“瘦皱漏透”不是米芾提出的》，来自新浪博客。

[11] 黄定华主编《普通地质学》，高等教育出版社2004年版。

[12] 安徽省煤田地质局第三勘探队《灵璧石资源调查与评价成果报告》，2008年。

[13] 安徽省地质矿产局《安徽省区域地质志》，地质出版社1987年版。

[14] 安徽省地质矿产局区域地质调查队编著《安徽地层志：前寒武系分册》，安徽科学技术出版社1985年版。

[15] 《苏皖北部上前寒武系研究》项目协作组编著《苏皖北部上前寒武系研究》，安徽科学技术出版社1984年版。

[16] 全国地层委员会《中国地层表》编委会编《中国地层表》（试用稿），中国地质调查局监制，2014年。

[17] 李壮福、郭英海《徐州地区震旦系贾园组的风暴沉积》，《古地理学报》2000年第2期。

[18] 江苏省地质矿产局第五地质大队《江苏省徐州市观赏石资源潜力调查评价报告》，2012年。

[19] 江苏省徐州市石文化研究会编著《中国灵璧石谱》，中国财政经济出版社2003年版。

图书在版编目（CIP）数据

中国赏石美学 / 李昌银著. -- 济南：齐鲁书社，2019.1

ISBN 978-7-5333-4058-2

Ⅰ. ①中… Ⅱ. ①李… Ⅲ. ①观赏型 - 石美学 - 中国 Ⅳ. ①TS933.21

中国版本图书馆 CIP 数据核字（2018）第 273433 号

中国赏石美学

ZHONGGUO SHANGSHI MEIXUE

李昌银 著

主管单位 山东出版传媒股份有限公司
出版发行 齊魯書社
社　　址 济南市英雄山路 189 号
邮　　编 250002
网　　址 www.qlss.com.cn
电子邮箱 qilupress@126.com
营销中心 （0531）82098521　82098519
印　　刷 山东临沂新华印刷物流集团有限责任公司
开　　本 710mm × 1000mm　1/16
印　　张 13
插　　页 3
字　　数 118 千
版　　次 2019 年 1 月第 1 版
印　　次 2019 年 1 月第 1 次印刷
印　　数 1-4500
标准书号 ISBN 978-7-5333-4058-2
定　　价 **58.00 元**